服装高等教育应用型创新型规划教材

服装缝制工艺与实践

主　编　张　华　匡才远
副主编　王　霞　丁学华　严加平

东南大学出版社
·南京·

内容提要

服装工艺是服装专业学习的重要环节，是将创造想象与实用技术有机结合的重要环节，也是实现设计的根本手段。《服装缝制工艺与实践》根据服装专业的教学特点，强调实际动手能力和理论修养并重，较为透彻、系统地介绍了服装手针工艺、基础缝制工艺、服装缝纫线选用、服装熨烫工艺等服装工艺基础知识；以图文结合的方式介绍了领、袖、衩、拉链等服装部件制作工艺；讲述了女士短裙制作、男式西裤制作、女衬衫制作、男衬衫制作、服装市场调研、民族服饰采风等课程实习内容；分别以连衣裙、女衬衫为例，阐述了简易时装课程设计、成衣课程设计的步骤；详尽地叙述了毕业实习、毕业设计（论文）等环节的内容。《服装缝制工艺与实践》图文并茂，条理清晰，可供服装院校师生、服装设计人员及服装爱好者学习与参考。

图书在版编目（CIP）数据

服装缝制工艺与实践 / 张华，匡才远主编. — 南京：东南大学出版社，2016.12

ISBN 978-7-5641-6896-4

Ⅰ. ①服… Ⅱ. ①张… ②匡… Ⅲ. ①服装工艺—教材 Ⅳ. ①TS941.6

中国版本图书馆 CIP 数据核字（2016）第 314090 号

服装缝制工艺与实践

出版发行：东南大学出版社
社　　址：南京市四牌楼 2 号　邮编：210096
出 版 人：江建中
责任编辑：史建农
网　　址：http://www.seupress.com
电子邮箱：press@seupress.com
经　　销：全国各地新华书店
印　　刷：南京京新印刷厂
开　　本：787mm×1092mm　1/16
印　　张：9
字　　数：224 千字
版　　次：2016 年 12 月第 1 版
印　　次：2016 年 12 月第 1 次印刷
书　　号：ISBN 978-7-5641-6896-4
定　　价：28.00 元

本社图书若有印装质量问题，请直接与营销部联系。电话：025-83791830

前　言

今年两会期间，国务院总理李克强在政府工作报告中提到要“培育精益求精的工匠精神”。在纺织服装业，更是有这么一批出类拔萃者，以精雕细琢之匠心，不断创新中华服饰之美。为落实《中国制造2025》规划精神，积极应对新常态下服装行业面临的新挑战，服装行业实施了《中国服装制造2020推进计划(征求意见稿)》。

在此背景下，本教材的编写，改变了服装专业实践类课程没有统一适用的教材，难以适应高等教育规律和教学需要的局面。教材的内容和体系设计充分考虑了实践认知规律和职业岗位要求，突出体现了“理论够用，注重实践”的特点。本教材根据服装专业的教学特点，较为透彻、系统地介绍了服装手针工艺、基础缝制工艺、服装缝纫线选用、服装熨烫工艺等服装工艺基础知识；以图文结合的方式介绍了领、袖、衩、拉链等服装部件制作工艺；讲述了女士短裙制作、男式西裤制作、女衬衫制作、男衬衫制作、服装市场调研、民族服饰采风等课程实习内容；分别以连衣裙、女衬衫为例，阐述了简易时装课程设计、成衣课程设计的步骤；详尽地叙述了毕业实习、毕业设计(论文)等环节的内容。

金陵科技学院和江苏省多家服装院校具有多年教学经验的教师参与了本教材的编写工作。全书由匡才远、张华负责统稿。

在本教材编写过程中，得到了江苏省多家服装院校的大力支持，张惠柏等参与了本教材部分插图的绘制工作，谨此一并感谢。

由于编写者水平有限，书中疏漏之处，恳请广大读者提出宝贵建议。

编　者

2016年11月于金陵

目　录

第一章　服装工艺基础

章节提示：本章介绍了服装工艺名词术语；讲述了基础手针工艺、装饰手针工艺；全面讲述了基础缝纫工艺；扼要地阐述了服装缝纫线的选用；最后，讲述了手工熨烫工艺和机械熨烫工艺。

第一节　服装工艺名词术语

常用的名词术语

（一）裁剪工艺名词

1. 烫原料：服装材料在使用之前，将原料上的折皱熨烫平整。
2. 排料：按所制款式样板排出用料的定额。
3. 画样：根据样板按不同规格，在原料上按排料要求画出裁片。
4. 铺料：按划样额定的长度要求，对面料进行铺层。
5. 表层画样：按不同规格，用样板在铺好的最上一层原料上，排画出衣片的裁剪线条。
6. 复查画样：复查衣料表层所画的裁片的数量和质量。
7. 开剪：按衣料表层所画的衣片的轮廓线进行裁剪。
8. 钻眼：在裁片的缝份上，用锥子或打孔机做出缝制标记。应做在衣片缝去的部位。
9. 编号：将裁好的衣片和部件按顺序编上号码。
10. 打粉印：用画粉或铅笔在裁片上做出缝制标记。
11. 查裁片刀口：检查所裁剪的裁片刀口的质量。
12. 配零料：将每一件衣服的零部件用料配齐全。
13. 钉标签：将每个衣片的顺序号标签钉上。
14. 验片：逐片检查裁片的质量和数量。
15. 织补：对检查不合格的裁片上可修复的织造疵病进行修补。
16. 换片：对检查出的不符合质量要求的服装裁片进行调换。
17. 合片：按流水生产设计的数量将裁片按序号、部件种类进行捆扎。

（二）缝纫工艺用语

1. 刷花：在裁片需绣花的部位上印刷花印。
2. 撇片：按照样板对毛坯裁片进行修剪。
3. 剪省缝：将因缝制后的厚度影响衣服外观的省缝剪开，常用于毛呢服装的制作。

4. 缉:用缝纫机将裁片进行缝合称为缉线或缉缝。

5. 拉还:缉缝时,按需要将某部衣片拉长变形。

6. 分还:烫分开缝时,按需要将某部衣片拉长变形。

7. 擦:在缝制过程中,为方便下一道工序的制作,用棉纱线暂时固定,如擦底边、擦止口等。

8. 滴:一般指用本色线固定的暗针,只缲一二根布丝。

9. 刀眼:在裁片边沿用剪刀剪 0.3 cm 深的三角记号,作为制作对位标记。

10. 捋挺:一般指用手将衣片轻轻推平整。

11. 抽紧:缝纫过程中缉线太紧,使面料缩短不平。

12. 吃势:按款式设计需要,把某部面料在缝制中收缩一定量的尺寸。

13. 平服:指平正服帖的意思。

14. 平敷 :在粘牵条时,不能有松有紧,称为平敷 。

15. 敷:指一层摊平后又盖上一层的意思。

16. 胖势:服装中凸出的部位称为胖势。

17. 窝势:服装中凹进的形状称窝势。

18. 坐势:缝制时,把多余的部分坐进、折平。

19. 烫散:熨烫时向周围推开烫平。

20. 烫煞:指熨烫时,要将面料折缝定型。

21. 起壳:指在敷衬料时,面料松或衬料质量差,粘着不好,以至于面料有皱纹的现象。

22. 露骨:指在敷衬料时面料紧,以至于面料上有棱角的现象。

23. 吸腰:指衣服符合人体曲线,在腰部吸进,使整体美观合体。

24. 起吊:指带里料的衣服,面料、里料不符,里料偏短所造成的不平服。

25. 里外容:里层与外层的松紧关系,通常要求面大于里,表层大于里底层。

26. 毛露:指衣服的口袋或边缘露出毛茬。

27. 针印:缝针的印迹,或称针花。

28. 极光:服装熨烫时,由于没有盖上水布,磨烫后在衣面上所出现的亮光。

29. 水花印:熨烫时,喷水过多,出现的水渍。

30. 滚条:一般用斜纱的料子,在服装的沿边包滚一条装饰边,所用的料子称为滚条。

31. 搅拢:搭门搭上的量超出叠门量,称为搅拢。

32. 嵌线:在服装的沿边镶一条 0.3 cm 左右的装饰边,称为嵌线。

33. 抽拢:用线缝一道后,将线抽紧,使面料起皱。

34. 缉止口:沿服装边缉缝线,为缉止口。

35. 定型:根据面料、辅料的特征,通过熨烫使衣料形态稳定。

36. 扳紧、扳顺、扳实:指在门、里襟扣翻止口时的要求。

37. 链形:缝迹、衣服某部位不平服的意思。

38. 瘪落:瘪进,指所需胖势没有达到要求,称为瘪落。

39. 豁:豁与搅相反,豁开就是搭门量搭不上或不到位。

40. 涌:指有一部分多余的皱。

41. 缉省:平面的要制成符合人体的衣服,就要将多余的部分折叠并要缝合起来。

42. 飞边:没有缉煞的镶条或镶边。

43. 封结:指在袋口或开口处,利用打结机、手针、平缝机进行加固的工艺。

44. 拼接:指衣片或零部件不够长或不够大,而采用的拼合缝制工艺。

(三) 检验原辅料工艺名称

1. 验色差:对原辅料色泽差进行检查,按色泽归类。

2. 查疵点:对原辅料进行疵点检查,以便合理安排使用。

3. 查污渍:对原辅料进行污渍检查,以便合理安排使用。

4. 分幅宽:将原辅料按门幅宽窄归类,以便分类使用,提高原辅料利用率。

5. 查衬布色泽:对衬布与色泽进行检查,按色泽归类。

6. 查纬斜:对原料纬纱斜度进行检查。

7. 复米:对原辅料的长度进行复核。

8. 理化试验:对原辅料的伸缩率、耐热度、色牢度等指标进行试验,以便于掌握面料、辅料的性能。

(四) 基本概念

1. 针迹:缝针刺穿布料时在上面形成的针眼。

2. 线迹:缝制物上面两个相邻针眼之间的缝线迹。

3. 缝迹:相互连接的线迹。

4. 缝型:一定数量的布片和线迹在缝制过程中的配置形式。

5. 缝迹密度:在规定长度单位内所形成的线迹数,也叫做针脚密度。

6. 手针工艺:应用手针缝合衣料的各种工艺形式。

7. 装饰手针工艺:兼有功能性和艺术性并以艺术性为主的手针工艺。

第二节　基础手针工艺

一、基础手针工艺

手针工艺是一项传统的服装缝制工艺,能替代缝纫机尚不能完成的某些技能,并且有灵活、方便的特点。手针工艺是学习服装缝制的一项基本功,是高档服装制作中不可缺少的工艺技法。手针工艺根据用途的不同可分为基础手针工艺和装饰手针工艺两部分内容。

运针的具体要求是:上下针的距离、针迹间隔的距离、线迹的松紧程度等要均匀。下面分别对各类针法的用途及操作方法进行介绍。

常用手缝工艺见图 1-1 所示。

1. 平缝针

平缝针,是一种自右向左,一上一下,正反针距均匀、大小相同的针法。平缝针多用于衣袖的袖山、衣袋的圆角处等需手针辅助收缩以及需抽细褶的部位。

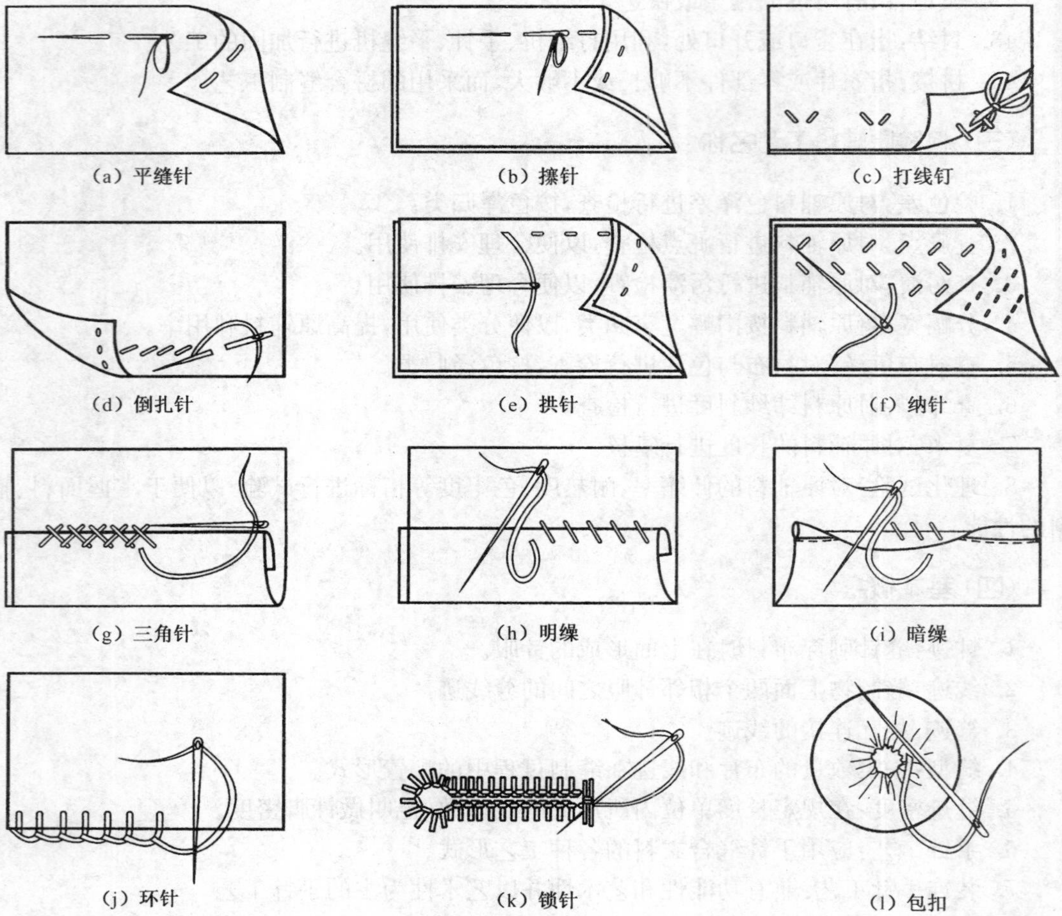

图 1-1　常用手缝工艺

2. 擦针

针法与平缝针的针法相同，但针码特点是面线较底线长，是为避免衣片移位而将多层衣片暂时固定的针法。擦针多用于敷衬布、褂面、袖子、衣领等需要事先固定的部件。

3. 打线钉

打线钉是一种在毛呢服装制作中，用缝线在多层衣片上做对称、对位缝制标记的针法。如左右衣片的省位、袋位、腰节、贴边等部位，通常选用多绒毛、不易脱落、不掉色的白棉纱线。

4. 倒扎针

倒扎针是一种自左向右运针，面层线迹如链条状交叉重叠，底层线迹呈短线，是用于易抻长部位边缘，防止变形的一种针法。有全回针与半回针两种。如领圈、袖窿等处的固定。

5. 拱针

拱针也称攻针，是一种将两层或两层以上的衣料用点状线迹进行固定的一种针法。从表面区分，可以分为明拱与暗拱两种。常用于上衣止口、袋止口、驳口边缘以及服装不缉明线而需固定的部位。

6. 纳针

纳针也称八字针，一面线迹呈“八”字形，另一面线迹呈星点状。是将两层或两层以上的衣料扎缝在一起，使之形成一定窝势的针法。常用于高档西服的纳驳头、纳领子等。

7. 三角针

三角针也称“花绷三角针”，是一种自左向右，一面线迹呈“×”形，另一面不露针迹，用于固定服装折边的针法。如裤子的脚口、衣服的底边、袖口以及裙摆折边等。

8. 缲针

缲针也称缭针、扦针，是自右向左运针，线迹呈斜扁形，将衣料折边固定在衣料上的一种针法。按所露出的线迹，可分为明缲与暗缲。通常用于缲袖窿、袖口以及底边等。

9. 环针

环针也称甩针，是一种线迹将衣料的毛边包裹住，以防其散脱的针法。现通常用于高档服装制作时，将剪开的省缝边缘包锁住。

10. 锁针

锁针是穿针后套成环的缝线将衣料毛边包锁住的一种针法。主要用于锁扣眼，包锁贴花、挖花边缘以及其他装饰边缘。锁扣眼根据衣料厚薄及款式需要分为平头眼与圆头眼，平头眼通常用于衬衣及较薄的衣料，圆头眼通常用于较厚衣料的外衣。

11. 打套结

打套结与锁针类似，是在缝线上打结，用以加固服装的开口、封口或装饰服装的一种针法。主要用在中式服装的摆缝、开衩、插袋口，也用于其他服装的袋口、门里襟的封口。

12. 钉扣

钉扣是将纽扣、按扣、衣钩等缝缀固定在服装上的一种针法。选用的缝线通常以同色或相似色的粗丝线为好。钉纽扣可以分为实用与装饰两种，实用纽钉缝时应留有扣脖，扣脖一般长于止口厚度约 0.3 cm；装饰纽不用扣脖。

13. 包扣

包扣是因服装风格的需要，而将普通纽扣或其他薄型材料用衣料包裹的一种工艺形式。包裹用的衣料可以是服装本身的面料，也可以是与面料同色但肌理效果不同的材料。

二、手针规格与用途

手针的品种号型较多，有长短、粗细之分。通常针号越小，针就越长越粗；针号越大，针就越短越细。此外还有一些特殊号码的缝针。选用手针时应根据衣料的厚薄与用途来确定，否则会损伤衣料或增加缝纫难度，不同号型手缝针的用途见表 1-1 所示。

表 1-1　手针规格与主要用途

手针号	1	2	3	4	5	6	7	8	9、10	11、12
直　径/mm	0.96	0.86	0.78	0.78	0.71	0.71	0.61	0.61	0.56	0.48
长　度/mm	45.5	38	35	33.5	32	30.5	29	27	25	22
用　途	扎鞋底等		锁眼钉扣		粗料缝纫		一般料缝纫		细线缝纫	薄料缝纫

第三节 装饰手针工艺

一、装饰手针工艺

装饰手针工艺是指利用各种针法配以不同色线，在服装上缝制图案或纹样的技法。常用的有刺绣、钉珠、贴绣、做装饰部件等。由于装饰手针工艺的技法非常复杂，在这里我们仅将服装中常用的针法进行介绍。

1. 杨树花针法

杨树花针法的线迹松紧、针脚长短要求均匀，图案线条要圆顺，如图 1-2 所示。针法分为一针花、二针花、三针花等，针数越多所形成的纹样越宽，一般是根据装饰部位的宽度来确定使用的针法。

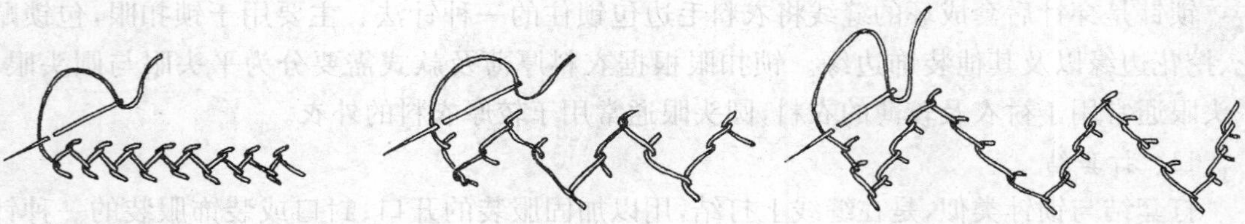

图 1-2 杨树花针法

2. 串针法

串针法如图 1-3 所示。先用平针以均匀的线迹平缝，然后按照图 1-3②所示的方法在线迹之间串针。一般采用两色线缝制，多用于女装或童装的门襟、领边、袋口等部位的装饰。

3. 旋针法

旋针法如图 1-4 所示，每间隔一定的距离打一个套结，然后再向前运针。周而复始，形成旋涡形线迹。一般用于花卉图案的枝梗。

4. 竹节针法

竹节针法如图 1-5 所示，将绣线沿图案的边缘缝制，每隔一定的距离横向挑缝衣料并做套结。一般用于锁缝贴绣图案的轮廓线。

5. 链条针法

链条针法也称锚链针法，线迹一环紧扣一环如链状。一般用于图案的轮廓刺绣，有时也用此针法组成花卉纹样。针法分为正套和反套两种。

图 1-6(1)所示为正套针法，先用绣线缝出一个线环，再将缝针压住绣线倒运针，做成链条状。

图 1-6(2)所示为反套针法，先将绣线引向正面，然后在与前一针并齐的位置上入针，压住绣线，最后在与线脚并齐的地方缝出第二针，依此类推。如果要作宽链条状，则两边的起针距离要相应的大一些，挑针的角度为斜向。

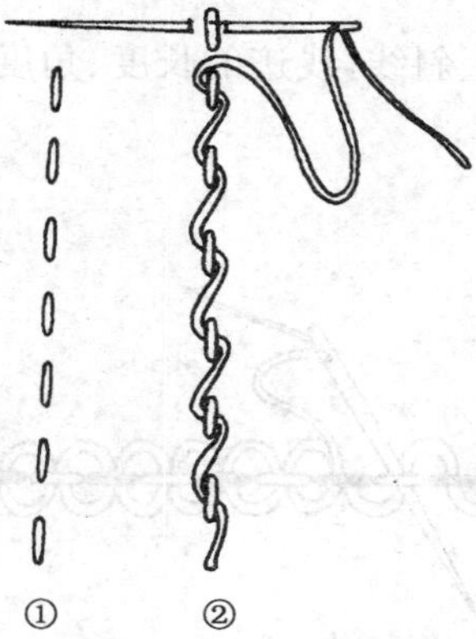

图 1-3　串针法

图 1-4　旋针法

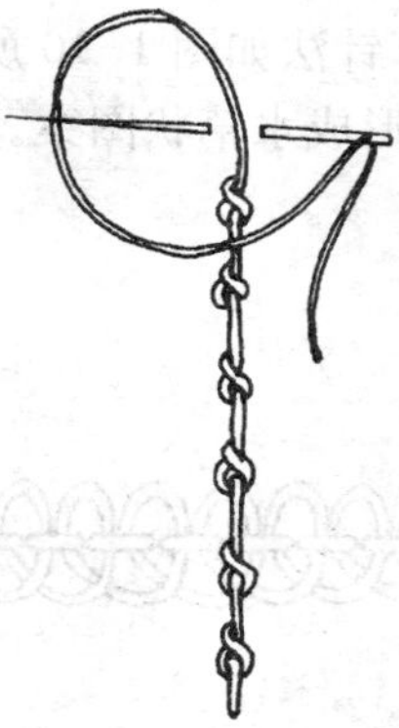

图 1-5　竹节针法

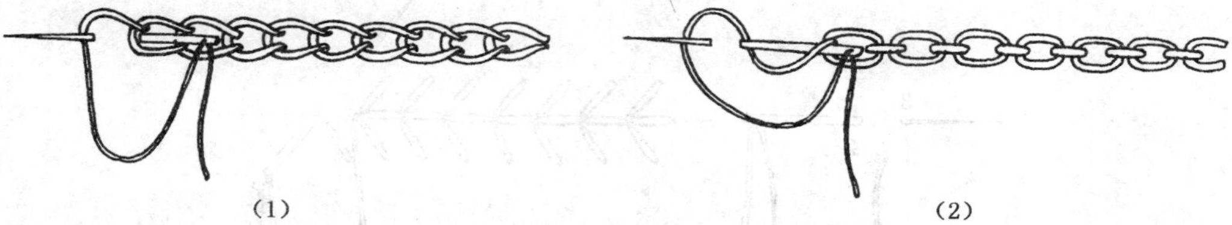

（1）　　　　（2）

图 1-6　链条针法

6. 嫩芽针法

嫩芽针法也称“Y”形针法，一般用于童装或女装上的装饰点缀。如图 1-7 所示，将套环形针法分开，缝制成嫩芽状。

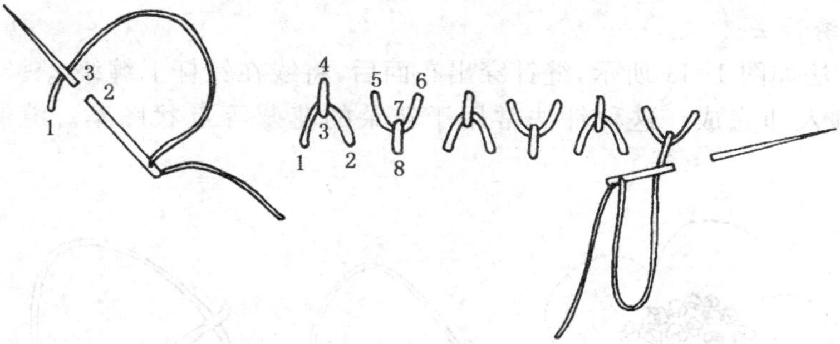

图 1-7　嫩芽针法

7. 盘肠绣针法

盘肠绣针法如图 1-8 所示。刺绣时先按等距离缝回形线迹，再用另一条线在回形线迹中穿绕，形成盘肠线迹。注意穿绕时线迹松紧要一致。

8. 穿环针法

穿环针法如图 1-9 所示。先用绣线均匀地缝平缝线迹，然后在线迹的空隙中用另色线补缝，成为回形针状，再用第三种色线穿绕成波浪状，最后用第四种色线以同样的手法穿绕，形成连环状。

9. 水草针法

水草针法如图 1-10 所示。先缝下斜线，再缝横线和上斜线，线迹的长度、角度、宽窄要求一致，形成水草状图案。

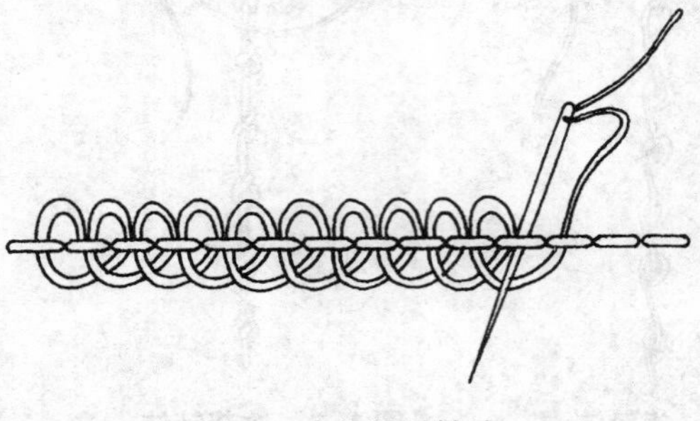

图 1-8　盘肠绣针法

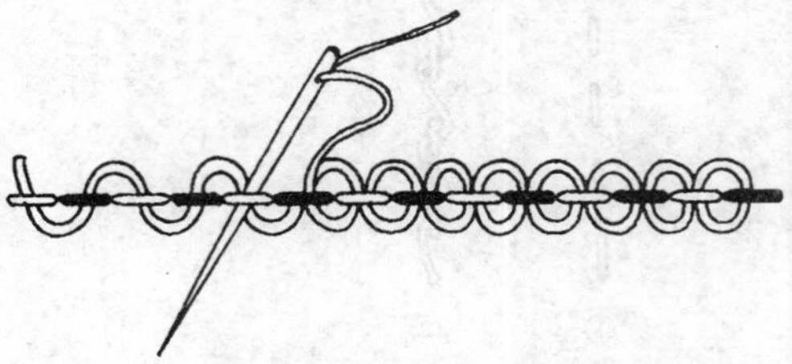

图 1-9　穿环针法

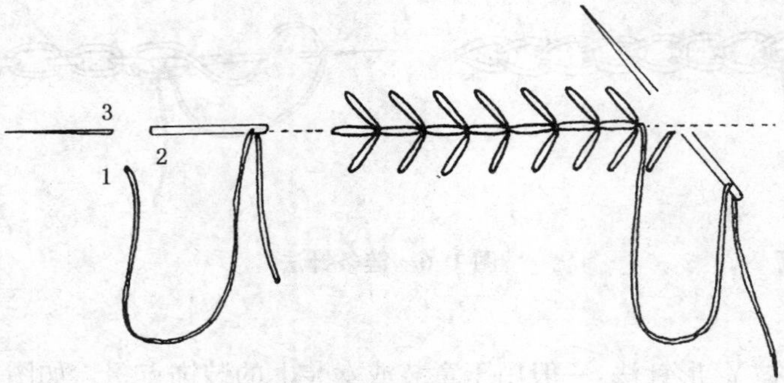

图 1-10　水草针法

10. 打子绣针法

打子绣针法如图 1-11 所示，缝针穿出布面后，将线在针杆上缠绕 2～3 圈，再拔出针向线迹旁边刺入即完成。这种针法常用于花朵的花蕊等点状图案。缝制时要求排列均匀。

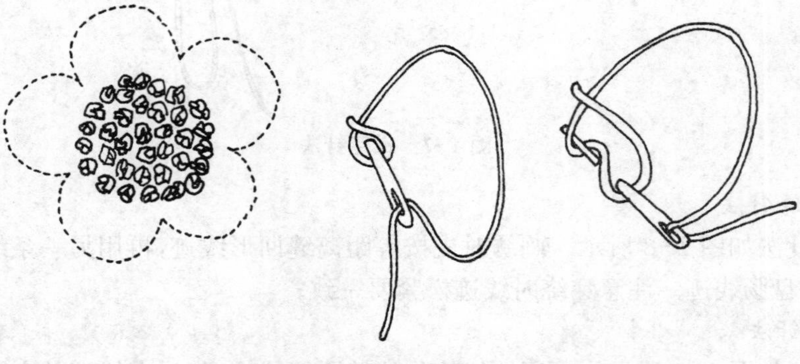

图 1-11　打子绣针法

11. 绕针针法

绕针也称螺丝针法，如图 1-12 所示。绣针从布的正面挑出后，将绣线在针杆上缠绕数圈，然后将针刺入布的反面，使绣线从线环中穿过。绕成的绣环结可呈长条形或环形。常用于花蕾或小花朵的刺绣。

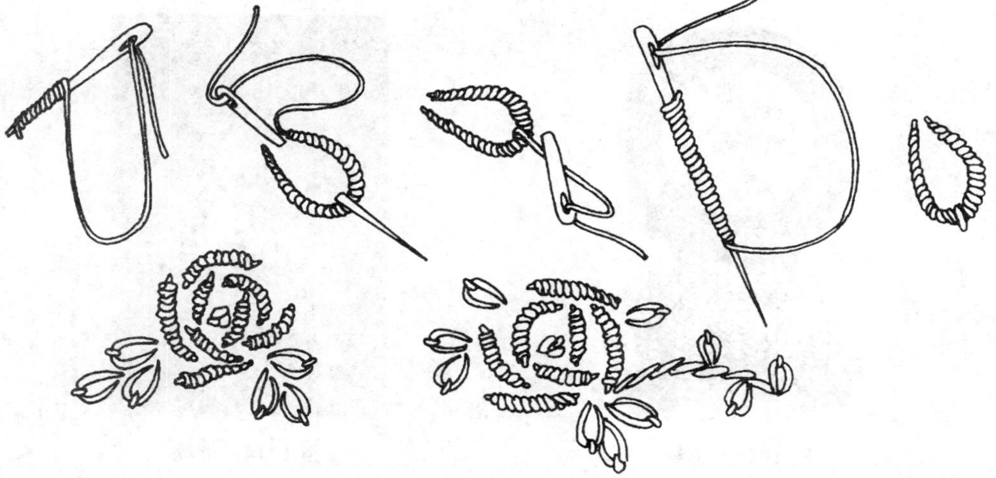

图 1-12 绕针针法

二、刺绣

刺绣是针线在织物上绣制的各种装饰图案的总称。就是用针将丝线或其他纤维、纱线以一定图案和色彩在绣料上穿刺，以缝迹构成花纹的装饰织物。它是用针和线把人的设计和制作添加在任何存在的织物上的一种艺术。刺绣是中国民间传统手工艺之一，在中国至少有二三千年历史。中国刺绣主要有苏绣、湘绣、蜀绣和粤绣四大门类。刺绣的技法有：错针绣、乱针绣、网绣、满地绣、锁丝、纳丝、纳锦、平金、影金、盘金、铺绒、刮绒、戳纱、洒线、挑花等等，刺绣的用途主要包括生活和艺术装饰，如服装、床上用品、台布、舞台、艺术品装饰。

刺绣的工艺要求是：顺，齐，平，匀，洁。顺是指直线挺直，曲线圆顺；齐是指针迹整齐，边缘无参差现象；平是指手势准确，绣面平服，丝缕不歪斜；匀是指针距一致，不露底，不重叠；洁是指绣面光洁，无墨迹等污渍。

（一）苏绣

苏绣已有两千六百多年历史，在宋代已具相当规模，当时的苏州就有绣衣坊、绣花弄、滚绣坊、绣线巷等生产集中的坊巷。明代，苏绣已逐步形成自己独特的风格，影响较广。清代为苏绣盛期，当时的皇室绣品，多出自苏绣艺人之手；民间刺绣更是丰富多彩。清末时，沈寿首创“仿真绣”，饮誉中外，她曾先后在苏州、北京、天津、南通等地收徒传艺，培养了一代新人。20 世纪 30 年代，丹阳正则女子职业学校绘绣科主任杨守玉，创始乱针绣，丰富了苏绣针法。苏州刺绣，素以精细、雅洁著称。图案秀丽，色泽文静，针法灵活，绣工细致，形象传神。技巧特点可概括为“平、光、齐、匀、和、顺、细、密”八个字。针法有几十种，常用的有齐针、抢针、套针，以及网绣、纱绣等。绣品分两大类：一类是实用品，有被面、枕套、绣衣、戏衣、台毯、靠垫等；一类是欣赏品，有台屏、挂轴、屏风等。取材广泛，有花卉、动物、人物、山水、书法等。双面绣《金鱼》《小猫》是苏绣的代表作。苏绣先后80多次作为馈赠国家元首级礼品，在近百个国家和地区展出，有100多人次赴国外作刺绣表演。

图1-13 苏绣

图1-14 湘绣

（二）湘绣

湘绣是以湖南长沙为中心的刺绣品的总称。湘绣是在湖南民间刺绣的基础上，吸取了苏绣和粤绣的优点而发展起来的。清代嘉庆年间，长沙县就有很多妇女从事刺绣，光绪二十四年（1898），优秀绣工胡莲仙的儿子吴汉臣，在长沙开设第一家自绣自销的“吴彩霞绣坊”，作品精良，流传各地，湘绣从而闻名全国。清光绪年间，宁乡杨世焯倡导湖南民间刺绣，长期深入绣坊，绘制绣稿，还创造了多种针法，提高了湘绣艺术水平。早期湘绣以绣制日用装饰品为主，以后逐渐增加绘画性题材的作品。湘绣的特点是用丝绒线（无捻绒线）绣花，劈丝细致，绣件绒面花型具有真实感。湘绣常以中国画为蓝本，色彩丰富鲜艳，十分强调颜色的阴阳浓淡，形态生动逼真，风格豪放，曾有“绣花能生香，绣鸟能听声，绣虎能奔跑，绣人能传神”的美誉。湘绣以特殊的鬅毛针绣出的狮、虎等动物，毛丝有力、威武雄健。

（三）粤绣

粤绣历史悠久，相传最初创始于少数民族，与黎族所制织锦同出一源。至清代粤绣得到了更大发展。粤绣构图繁而不乱，色彩富丽夺目，针步均匀，针法多变，纹理分明，立体感强。粤绣品类繁多，欣赏品主要有条幅、挂屏、台屏等；实用品有被面、枕套、床楣、披巾、头巾、台帷和绣服等。粤绣一般多为写生花鸟，富于装饰味，常以凤凰、牡丹、松鹤、猿、鹿以及鸡、鹅等为题材，混合组成画面；妇女衣袖、裙面，则多为满地折枝花，铺绒极薄，平贴绣面；配色选用反差强烈的色线，常用红绿相间，鲜艳炫目，宜于渲染欢乐热闹气氛。

（四）蜀绣

蜀绣又称“川绣”，是以四川成都为中心的刺绣品的总称。蜀绣历史悠久，据晋代常

图 1-15　粤绣《百鸟朝凤》

璩《华阳国志》载，当时蜀中刺绣已很闻名，同蜀锦齐名，都被誉为蜀中之宝。清代道光时期，蜀绣已形成专业生产，当时成都市内有很多绣花铺，既绣又卖。蜀绣以软缎和彩丝为主要原料，题材内容有山水、人物、花鸟、虫鱼等。蜀绣的针法经初步整理，有套针、晕针、斜滚针、旋流针、棚参针、编织针等 100 多种；品种有被面、枕套、绣衣、鞋面等日用品和台屏、挂屏等欣赏品，以绣制龙凤软缎被面和传统产品《芙蓉鲤鱼》最为著名。蜀绣的特点：形象生动，色彩鲜艳，富有立体感，短针细密，针脚平齐，片线光亮，变化丰富，具有浓厚的地方特色。

图 1-16　蜀绣《芙蓉鲤鱼》

三、十字绣

十字绣起源于中国，传统婚嫁时女方会给男方送上自己一针一线纳出的鞋垫，这种鞋垫的工艺就是十字绣。后来这种工艺传到欧洲。因其以十字交叉针法为主，简单易学，表现力强，迅速风靡欧洲，受到不同年龄人们的喜爱。中西文化的交融，使得十字绣的针法、图案、花色等在世界各国得到进一步发展，形成了各国十字绣不同的风格。

十字绣种类很多，有风景、字画、静物、人物、卡通、花卉、动物等，还有双面绣、三面绣、立体绣等。

图 1-17　十字绣

（一）十字绣的用途

十字绣的用途大致分为四种，一是服装、服饰；二是佩饰、饰品；三是日用品及家居装饰；四是休闲、交友。现在常见的十字绣用品有抱枕、钱包、卡套、卡包、手机袋、挂件等。

（二）十字绣常用工具

针的选用是绝对必要的。有两类主要的针：一类针有长长的针孔，适用于绣中小型精细作品；另一类是针尖圆钝，不易戳穿布面的短粗针（钝针）。针眼的大小、针尖的形状以及针的长度，在选针时都必须根据要绣的绣品加以考虑。

另外，还有水溶笔和拆线刀。水溶笔用于画十字绣布，没有水溶笔的情况下也可选择铅笔，但铅笔毕竟不是专业的十字绣工具，其印迹不容易洗掉。刺绣时，绣错格子是常事，这时有拆线刀那就事半功倍了。

可选用的其他工具：绣架、绷子、绕线板、小剪刀、拆线器等。

第四节　基础缝纫工艺

一、基本缝型与缝纫工艺

服装是由一定数量的衣片构成的，衣片之间的连接线称为“衣缝”。由于服装款式不同、面料不同，因而在缝制过程中所采用的连接方式也不相同，由此形成了不同的缝型。常用的基本缝型及其机缝工艺介绍如下，如图 1-18 所示。

1. 平缝

平缝也称合缝或勾缝，是将两层衣料正面相对叠合在一起，沿一定量的缝份进行缝合。

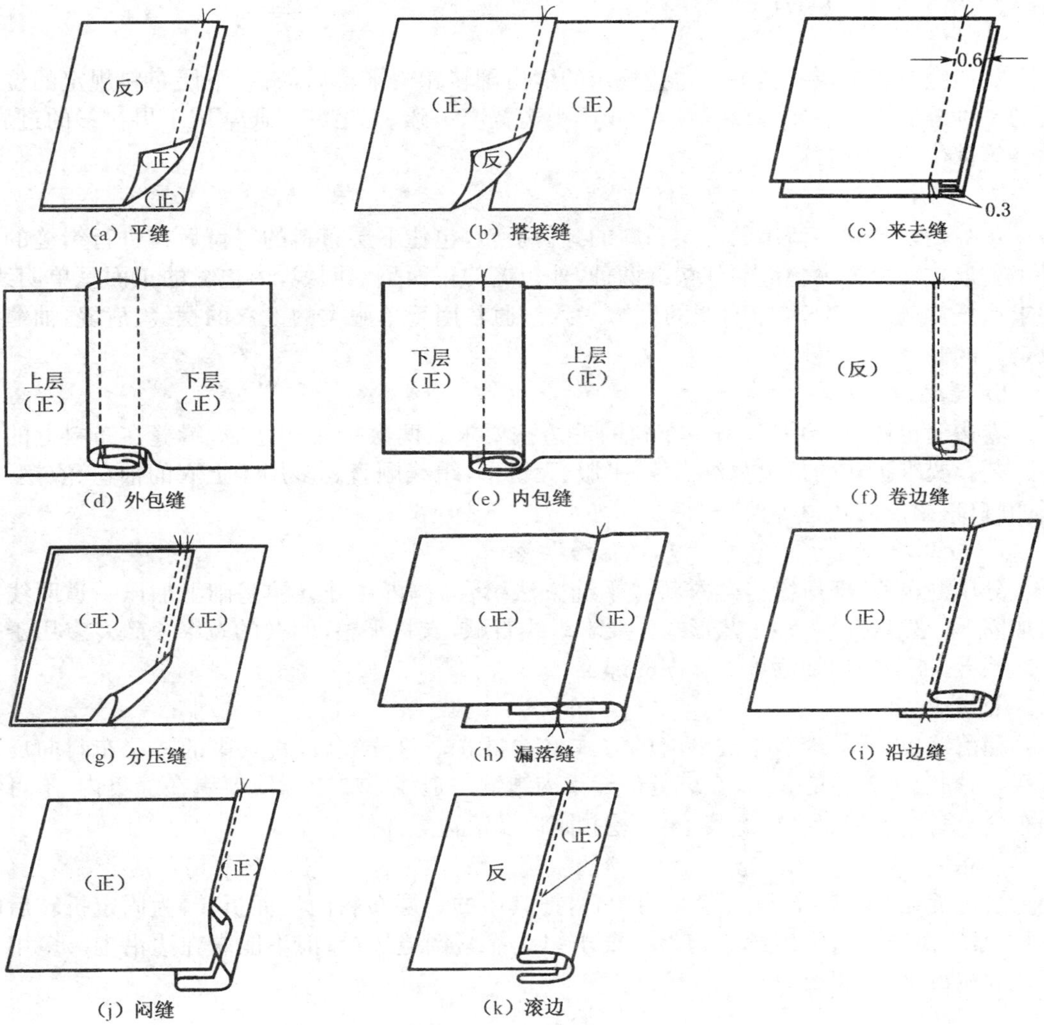

图 1-18　基本机缝工艺

平缝是服装缝制中最基本、应用最广泛的一种缝制方法，如上装的肩缝、侧缝、袖缝，下装裤子的侧缝、下裆缝，裙子的分割缝以及其他的一些结构线的缝合等。要求缉线顺直，缝份咬合的宽窄一致。

2. 搭接缝

搭接缝是将两块衣料的缝份相互搭叠后，居中缉缝的一种缝制方法。通常用于领衬、腰衬、胸衬或其他一些暗藏部位的拼接。要求缉线直顺，上下层布料平服，松紧一致不起皱。

3. 来去缝

来去缝也称正反缝，是将布料背面相对按平缝方法缉合后，再将缝份按要求修剪，最后将布料折转成正面相对后，缉第二道缉线的一种缝制方法。要求缉线顺直，咬合的缝份均匀、宽窄一致，缉合后布料的正反均无毛头出现。通常用于女衬衫、童装的侧缝、袖缝、肩缝以及一些内衣、裤的缝合。

4. 扣压缝

扣压缝是将上层布料的毛边按规定的缝份翻转扣烫平整后，缉在下层布料规定的位置上的一种缝制方法。要求缉线顺直，线迹距边宽窄一致，无毛漏。通常用于男衬衫的过肩、贴袋等部位，不必包缝。

5. 包缝

包缝是以预先多留出的上层布料的缝份折转，包住下层布料的缝份后再进行缉缝的一种工艺形式。分为内包缝与外包缝两种，外包缝的正面呈双明线，内包缝的正面呈单明线。要求缉线顺直，止口整齐，明线的宽窄一致。通常用于单服类的上衣的摆缝、肩缝、袖缝以及裤子的侧缝、裆缝处等。

6. 卷边缝

卷边缝也称“包边缝”，是将布料的毛边按要求做两次折转扣净后，缉缝在布料上的一种工艺。要求折转的折边宽窄一致、平服、无链形，缉线顺直。多用于上衣的袖口、衣摆，裤子的脚口，裙子的底边等处。

7. 分压缝

分压缝也称“劈压缝”，是衣料按平缝方法缉合后，再在分缝的基础上加压一道明线用以加固、平整缝份的一种工艺形式。要求缉线直顺，衣料平整，明线的宽窄一致。多用于裤子的裆缝、袖子的内袖缝等需加固的部位。

8. 漏落缝

漏落缝也称“贯缝”，是按平缝的方式将衣料缝合并分缝后，将其中的一层布料向反面折转，为固定折转后的布料，在分缝的缝巢内缉缝一道线。要求缉线要缉在缝巢内，不可缉到布料上。主要用于高档服装挖袋、挖扣眼以及滚边等部位。

9. 沿边缝

沿边缝是将两层衣料平缝并倒缝后，把其中的一层布料向反面折转，为固定折转后的布料，紧靠倒缝的边沿缉缝一道线。要求缉线靠紧倒缝边沿，但不能缉在边沿上。多用于下装的绱裤腰、绱裙腰。

10. 闷缝

闷缝也称“骑缝、压缉缝”，是用扣压缝的方式将平缝后的缝份包转在内的一种缝制方式。要求缉线顺直、距边宽窄一致，第二道扣压缝缉线要盖住第一道平缝的线。多用于上装的绱领、绱袖头以及下装的绱腰头等。

11. 收细褶

收细褶是将针距调大后，以右手食指抵住压脚后端衣料，使衣料移动受阻而产生收拢、皱纹的一种工艺。多用于薄料服装的袖山、袖口、裙腰等需要收细褶的部位。

12. 滚边

滚边是用正斜(45°斜)条布料，以沿边缝或压缉缝的方式，将衣料毛边包裹在内的一种工艺形式。要求滚边饱满、平服、宽窄一致，无链形。多用于男、女长大衣的下摆，女裙的下摆以及薄料的缝份毛边等部位。

二、传统工艺的缝制方法

我国传统服装缝制工艺，过去只是在中式服装中采用。现在将这些传统工艺开发出来应用于时装的缝制，既能够强化服装的民族风格，又增强了服装的外观装饰性。

（一）滚滚

滚滚指滚边，既是处理衣片边缘的一种方法，也是一种装饰工艺。滚边按照宽度形状可分为细香滚、窄滚、宽滚、单滚、双滚等多种形式。按照滚条所用的材料及颜色不同又可分为本色本料滚、本色异料滚、镶色滚等。按照缝制过程中所采用的缉缝层数不同又分为二层滚、三层滚、四层滚等。下面是各种滚边的规格和制作要点。

1. 细香滚：滚边宽度为 0.2 cm 左右，成型形状为圆凸形，与细香相似。
2. 窄滚：指滚边宽度为 0.3～1 cm 的滚边。
3. 宽滚：指滚边宽度在 1 cm 以上的滚边。
4. 单滚：指只有一条滚边。
5. 双滚：在第一条滚边上面再加上一条滚边。
6. 本色本料滚：指滚边使用的面料及颜色都与服装面料相同。
7. 本色异料滚：指滚边使用的面料与服装面料颜色相同而材料不同的滚边类型。
8. 本料异色滚：指滚边使用的面料与服装面料材料相同而颜色不同的滚边类型。
9. 二层滚：面料与滚条均不扣转，只是将滚条平缉于面料之上。
10. 三层滚：为了防止面料的毛边纱线脱散，在缉滚条之前，先将面料的毛边扣折。然后将两层面料与一层滚边同时缉缝。常用于细香滚或易脱散的面料。
11. 四层滚：为了防止面料和滚条料毛边脱散，并使滚条的边缘厚实，先将面料和滚条的边缘分别扣折，然后缉缝。
12. 包边滚：指用包边工具把滚条料一次缝合后包在面料边缘上。正反两面都可以见到线迹。

（二）嵌嵌

嵌嵌指嵌线，是处理服装边缘的一种装饰工艺。嵌线按照缝合的部位不同分为外嵌线和里嵌线两种。下面分别介绍各种嵌线的缝制工艺。

1. 外嵌：一般指在领口、门襟、袖口等止口外面的嵌线，是服装中运用比较广泛的一种嵌线。
2. 里嵌：指嵌在滚边、镶边、压条等里口或者两衣片拼缝之间的嵌线。
3. 扁嵌：指嵌线内不衬线绳，因而外观呈扁形的嵌线。
4. 圆嵌：指嵌线内衬有线绳，因而外观呈圆形的嵌线。
5. 本色本料嵌：指与服装质地及颜色完全相同的面料制成的嵌线。
6. 本色异料嵌：指与服装颜色相同而质地不同的面料制成的嵌线。
7. 本料异色嵌：指与服装相同质地而不同颜色的面料制成的嵌线。

（三）镶镶

镶镶主要指镶边和镶条工艺。镶边从表面上看与滚边相似，主要区别是滚边包住面料，而镶边则是与面料对拼，或者在镶边与面料的拼缝之间夹一嵌线即“嵌镶”，或者夹在面料边缘的缝份上即“夹镶”。镶边工艺在服装上的运用形式很多，运用的部位也比较广泛，因而所形成的外观效果也多种多样。制作时可以根据服装的款式特点和面料特点进行选择。

（四）宕宕

宕宕指宕条，是做在服装止口里侧的装饰布条。宕条的做法有单层宕、双层宕、无明线宕、单明线宕、双明线宕等。根据式样不同又分为窄宕、宽宕、单宕、双宕、三宕、宽窄宕、滚宕等多种。宕条的颜色一般用镶色，也可以同时使用几种颜色组成纹样。

1. 单层宕：先将宕条的一边扣折后，按照造型的宽窄缉在面料上，然后翻转熨烫平整。

2. 双层宕：先将宕条双折，熨烫好后按照预定的宽度缉在面料上面，然后翻转熨烫平整。

3. 无明线宕：第一道车缝后将宕条翻转过来，再用手针缲边，使宕条的两边均不见明线。

4. 单明线宕：第一道车缝后将宕条翻转过来，再将宕条的另一边扣折，由正面缉一道单明线。一般明线的一边做在里口处。

5. 双明线宕：也称双线压条宕。先将宕条的两边扣折，然后在宕条的两边各缉一道明线。

6. 宽宕：宕条的宽度在 1 cm 以上。

7. 窄宕：宕条的宽度在 1 cm 以下。

8. 单宕：只使用一条宕条。

9. 双宕、三宕：指平行使用两条或三条宕条。

10. 宽窄宕：指将两条或多条不同宽度的宕条做在一起，如一宽一窄宕、二宽二窄宕等。

11. 一滚一宕：在滚条的里口再加一根宕条。

12. 一滚二宕：在滚条的里口再加上两根或多根宕条。

13. 花边宕条：用织带花边代替宕条材料，既方便缝制又增加装饰效果。

14. 丝条宕条：用丝条作直线宕或将丝条编排成图案状。

（五）缉花

缉花是丝绸服装中常用的一种装饰工艺。一般有云花、人字花、方块花、散花、如意花等图案。缉花时在面料的下面垫衬棉花及皮纸，亦可用衬布代替。需缉花的领子、袖克夫等部位不必再加衬布。

1. 云花：因花型像乱云，故也称云头花。按照花型的大小或疏密不同，可以分为密云花、中云花、疏云花、大云花等多种。常用于领子、袖口、口袋等部位的装饰。

2. 缉字：先将字画在纸上，再将纸覆在面料上面按照字形进行缉缝。缉缝后再将纸除去。常用于上衣的前胸、后背等部位的装饰。

3. 如意花：常用于上衣的门襟、开衩等部位的缉线装饰。

三、缝纫机针规格与用途

缝纫机针分为家用缝纫机针和工业用缝纫机针两大类。通常为了区别不同缝纫机所用机针，各种机针在号数前都有一个型号，用来表示该针所适用的缝纫机种类，如 J—70，

“J”表示家用缝纫机针等。

缝纫机针的规格也是用号数表示的。缝纫机针不同规格的主要区别在于针的直径的大小不同，没有长短的变化。通常号数越大，针越粗，常用的一般有 9～16 号。同手针一样，为保证缝纫质量，缝纫机针的选用是根据衣料的厚薄和所使用线的粗细来决定的。

表 1-2　缝纫机针规格与主要用途

<table>
<tr><td colspan="2">习惯使用针号</td><td>9</td><td>11</td><td>14</td><td>16</td><td>18</td></tr>
<tr><td colspan="2">公制针号</td><td>65</td><td>75</td><td>90</td><td>100</td><td>110</td></tr>
<tr><td rowspan="3">适用的线的种类和号码</td><td>棉线</td><td>100—200</td><td>80—100</td><td>60—80</td><td>40—60</td><td>30—40</td></tr>
<tr><td>丝线</td><td>30</td><td>24—30</td><td>20</td><td>16—18</td><td>10—12</td></tr>
<tr><td>尼龙线</td><td></td><td>3—56</td><td></td><td></td><td></td></tr>
<tr><td colspan="2">适用的缝料种类</td><td>丝绸、薄纱以及刺绣等</td><td>薄棉、麻、绸缎及刺绣等</td><td>斜纹、粗布、薄呢绒、毛涤等</td><td>厚棉布、绒布、牛仔布、呢绒等</td><td>厚绒布、薄帆布、毡料等</td></tr>
</table>

四、工业平缝机

（一）功能及特点

工业平缝机是服装生产中使用数量最多的机种。在服装加工中承担着拼、合、绱、纳等多种工序任务，安装不同的车缝辅件，可以完成卷边、卷接、镶条等复杂的作业，因此工业平缝机是服装企业最主要的缝纫设备，如图 1-19 所示。

（二）类型及技术规格

工业平缝机种类繁多，大致可按以下方式分类：

1. 以工作速度分类

工业平缝机可分为低速平缝机（缝速在每分钟 2 000 针以下），中速平缝机（最高缝速在每分钟 3 000 针），高速平缝机（最高缝速每分钟 4 000 针以上）；国产的 GB1-1 型、GB7-1型平缝机属低速平缝机，GC1-1 型、GC1-2 型属中速平缝机，GC15-1 型、GC6-1 型、GC40-1 型属高速平缝机。由于高速平缝机都采用了自动润滑系统，各运动连接部位普遍采用了滚动轴承，机件加工精密，缝纫平稳，噪音小，性能好，受到服装企业普遍的欢迎。

2. 以操作方式分类

可分为普通平缝机和电脑控制平缝机（亦称自动平缝机）。电脑控制平缝机可以设定线缝式样，装有自动剪线、自动倒缝、自动缝针定位、自动压脚提升等装置，可提高生产效率约 20%以上，而且大大减轻了劳动强度。

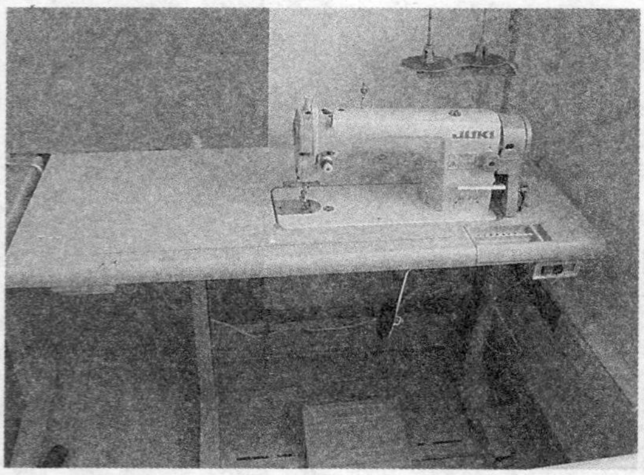

图 1-19 工业平缝机

图 1-20 包缝机

五、包缝机

（一）功能与特点

包缝机是服装企业的主要缝纫设备之一，在服装加工中用来切齐、缝合面料边缘，以特定的线迹对面料边缘进行包裹，防止织物的纱线脱散。由于服装面料大多是机织物或针织物，因此包缝机是服装生产中必不可少的缝纫设备，如图 1-20 所示。

包缝机的机头结构与平缝机截然不同，其外形属箱形结构。由于它仅对衣片边缘进行缝纫加工，因此结构小巧紧凑，不需要平缝机那样大的工作空间，包缝机零件短小，运转时惯性较小，工作平稳，特别适合高速运转。另外由于线迹形成方法及其成缝器的形式与平缝机不同，生产中不用频繁地更换核芯，因此生产效率高。

（二）包缝机的类型

包缝机发展至今种类繁多，一般按以下两种方式进行分类：

1. 按线数分类

包缝线迹有单线、双线、三线、四线、五线及六线等多种形式，因此，相应有以下形式的包缝机。

单线包缝机：用一根缝线形成单线包缝线迹，主要用于缝合毛皮和布匹接头。

双线包缝机：用两根缝线形成双线包缝线迹，主要用于缝合布匹接头，针织弹力罗纹衫的底边也常用这种线迹缝合。

三线包缝机：用三根缝线形成三线包缝线迹，该种线迹美观、牢固耐用，拉伸性较好，因此，三线包缝机是服装加工使用较多的包缝机。

四线包缝机：用四根缝线形成四线包缝线迹，该线迹与三线包缝线迹不同，线迹牢度和抗脱散能力增强，因此称为“安全缝线迹”，一般用于针织物包缝或服装受摩擦较为剧烈的肩缝、袖缝等处的包缝。

五线包缝机：用五根缝线形成复合线迹，它实际上是双线链式线迹和三线包缝线迹复合而成。这种包缝机可包缝、合缝同时进行，不但减少了设备和工序，而且缝出的线迹美观、牢固。因此，五线包缝机已成为服装厂普遍应用的机种。

六线包缝机：用六根缝线形成了由双线链式线迹和四线包缝线迹组成的复合线迹，它也可实现连包带缝，与五线包缝机相比，这种机器形成的线迹更为牢固，使用也日益增多。

2. 按缝纫速度分类

中速包缝机：最高缝速为 3 000 r/min 的包缝机，如国产的 GN1-1 型、GN1-2 型均属中速包缝机。此类包缝机结构简单紧凑，人工润滑，价格低廉，在小生产企业中广泛应用。

高速包缝机：最高缝速达到 5 000～7 000 r/min 的包缝机，如国产的 GN2-1M 型、GN5-1 型，GN6 系列及 GN20 系列等均属高速包缝机。这类包缝机比中速包缝机在结构上有很大改进，有些零件材料选用轻质合金，采用强制全自动润滑方式，运转更为轻滑、稳定，适于高速包缝。

超高速包缝机：缝速超过 7 000 r/min 的包缝机。这类包缝机在结构和工作原理上与高速包缝机并无明显差别，但由于采用了机针针尖和缝线的冷却装置、静压式主轴轴承及风扇空冷的多级压力油泵，主要运转零件均采用轻质合金，可以适应更高的缝纫速度。国产的 GN11004 型五线包缝机、GN32-3 型三线包缝机、GN32-4 型四线包缝机和目前大部分进口包缝机均属于超高速包缝机。

第五节　服装缝纫线的选用

一、缝纫线的种类与特点

缝纫线用于缝合各类纺织品，强度高、伸长变形小和尺寸稳定性好是缝纫线品质的基本要求。

（一）按缝纫线的纤维组成分类

1. 棉线

棉线一般采用普梳或精梳棉纺工艺制得。经过丝光、烧毛、染色和上蜡等必要的后加工，可以提高棉线的缝纫性能。

棉线的强度较高，拉伸变形能力较低，尺寸稳定性较好，能满足缝纫线的三个基本要求，但其表面光洁度不如长丝纱做成的缝纫线，耐磨性和弹性较差，仍具有一定的缩水率。

经过丝光处理（在碱液中接受拉伸处理）的棉线被称作“丝光棉线”。它一般采用精梳棉纱做原料，又经丝光加工，所以线的质地比较柔韧，而且光泽好，表面光洁平滑，一般用于手缝、包缝、线钉、扎衣样、缝皮子，对棉织物的适用性较好。经过上油处理的棉线称为“软线”。软线表面无光，但比较柔软，主要用于缝制棉织物，其基本用途与丝光棉线相仿。

经过上蜡处理的棉线称为“蜡棉线”，虽然上蜡处理可使蜡棉线的缝纫性能有所改善，但蜡棉线比较硬挺，一般适应缝制较为硬挺的材料，如皮革或需高温定型的服装。

2. 丝线

用作缝纫线的丝线实际上是一种由蚕丝构成的股线，它分为长丝纱的股线和绢丝的股线两种类型。蚕丝长丝纱合股（6～100股）后，再经过精炼、染色等加工，即可制得长丝纱股线，其色彩鲜艳，质地柔软，平滑光洁，光泽好。绢丝经染色加工后制得的是短纤纱股线，其质地较为松软、平滑，并保持了天然蚕丝纤维优良的性能特点。丝线是缝制真丝服装、全毛服装等高档服装的缝纫线，是缉明线的理想用线。由于天然丝线的价格较高，所以在很多场合它已被涤纶长丝纱的缝纫线所替代。天然丝线的水洗缩率较大是它的缺陷。

3. 涤纶缝纫线

涤纶缝纫线是指用涤纶长丝纱（一般为8tex或8.5tex）或涤纶短纤纱（一般为7.5tex至15 tex）制成的双股线，前者常被称为涤纶丝线。

涤纶丝线的含油率较高，一般为4％～6％，多数经过硅蜡处理。这种丝线的强度高，表面平滑，弹性好，水洗缩率小，有较好的可缝性。涤纶丝线的用途与天然丝线相仿，由于其价格较为低廉，所以用量越来越大，尤其适宜缝制化纤服装。以涤纶低弹丝为原料制成的涤纶长丝缝纫线具有良好的伸缩弹性，它与针织服装、运动服、健美衣裤、紧身内衣裤等弹力衣料比较匹配，缝制效果比较理想。涤纶短纤缝纫线是服装业的主要用线，它具有强度高、耐磨性好、缩水率低、耐腐蚀、耐气候等优点，如再经过特种整理，如阻燃整理、防水整理等，还可用于特种纺织品的缝制。

4. 锦纶缝纫线

锦纶缝纫线的主要品种是锦纶长丝缝纫线，它通常是将10～29tex的锦纶长丝纱以双股或三股捻合，制成股线。锦纶长丝缝纫线坚牢耐磨，强度高而伸长大，质地较轻，但不耐光，主要用作化纤服装的缝纫线。

锦纶单孔丝是一种具有较好柔韧性的透明材料，用它作透明缝韧线是比较适宜的，其主要品种是锦纶6或锦纶66单孔丝。使用透明缝线可解决缝纫线与面料的配色问题，可以简化操作，因为透明缝纫线的线迹不十分明显，但锦纶透明缝纫线因加入了柔软剂和透明剂，故其耐热性较差，不宜作高温定型。

5. 涤/棉缝纫线

涤/棉缝纫线的主要品种是涤/棉混纺缝纫线，一般用65％涤纶与35％优质棉纤维混纺，制成8.5～13tex的单纱；另一个品种是涤/棉包芯缝纫线，它一般用60％～70％的涤纶长丝纱作为芯纱，再用30％～40％的棉纤维包覆在芯纱外面，制成12～15tex的双股或三股线。

涤/棉混纺缝纫线的强度和耐磨性较好，缩水率较低，能够改善全涤纶缝纫线不耐高热的缺陷，线迹也较为平整，适宜缝制各类服装。涤/棉包芯缝纫线的芯纱用的是涤纶长丝纱，可以提供较高的强度和弹性，而外层的棉纤维则可提高缝纫线对针眼摩擦产生的高热及服装加工中热定型温度的耐受能力，适用于高速缝纫。

6. 腈纶和维纶的缝纫线

腈纶和维纶的缝纫线，使用并不十分广泛。腈纶缝纫线一般用于做装饰缝线和绣花线，耐光性好和染色性好是其主要优点。维纶缝纫线主要用来缝制厚实的帆布、家具布，因维纶缝纫线的湿热收缩率很大，故不宜作喷水熨烫。

（二）按缝纫线的卷装形式分

1. 木芯线（木纱团）

木芯线也叫“轴线”，这是一种较为传统的手工缝纫线和家用缝纫机用线的卷装形式，其卷绕长度较短（一般只是 200～500 m），木芯的上下有边盘，可以防止缝线脱散，目前木芯已多被纸芯和塑料芯所替代。

2. 纡子线（纸管线）

这种卷装形式是把缝线均匀卷绕在直筒形的纸管上面，其长度可以在 200 m 以内，也有 500～1 000 m 的，主要也是用在家用缝线和手工缝线等用线较少的场合。

3. 锥形管缝纫线（宝塔线）

这种卷装方式是把缝线卷绕在锥形纱管上面，其卷装容量很大，一般为 3 000～20 000 m 及以上，且退绕十分方便，适宜做高速缝纫线，在工业化服装生产中被普遍采用。

4. 梯形一面坡宝塔管线

这种卷装形式是把缝线卷绕在一面坡宝塔管上面，采用一面坡宝塔管的主要目的是为了防止涤纶长丝等光滑缝线的脱落滑边等问题，卷装质量好，能适应高速缝纫的需要，其卷装容量更大，一般在 20 000 m 以上。

5. 使用其他卷装形式的缝纫线

除上述几种卷装形式之外，缝纫线还可以采用绞装线、球装线、纸板线等不同的卷装形式，可供手工缝纫、家用缝纫和工业缝纫等不同用户使用。

二、缝纫线的选用

1. 种类的选择

不同质地面料的缝制，要选用相适应的缝纫线，以使强度和缩水率等性能指标基本一致。如真丝面料等高级服装要选用蚕丝线；棉织物、纯化纤织物服装宜用同质地的缝纫线；纯棉薄织物的服装应选择棉线，较厚棉织物或混纺织物的服装选择涤纶线。

针织面料与梭织面料应选择伸缩性和弹性好的缝纫线。涤纶短纤维线在针织物缝纫方面是牢度最好的缝线。缝纫针织品应用涤纶线或锦纶线作面线，用合成纤维强力线作底线。

2. 规格的选择

各种服装鞋帽的缝制质量要求各异。缝纫线的粗细和合股数应根据织物材料的纱支、密度、厚薄和重量的不同而定。缝纫线的单线强力要大于织物单根纱线（或丝线）的强力要求，故线的细度应大于织物中单根纱或线的细度或与之相仿。缝线的细度与织物的外观要相适应。还要根据缝制品的明线、锁边、锁眼、钉扣等部位的不同要求，以及织物结构和接缝结构的变化来综合考虑。

线的粗细不当，会直接影响缝纫效果。缝制丝绸等质地较薄的服装，如选用较粗的蚕丝线，将会使底面线的交锁点，突出于缝料表面，使线迹有规则地歪斜，其偏斜的角度随线径增大而加大；反之，质地较厚的缝料，如线选得较细，则影响其线缝强度，或因针线不匹配而产生跳针等故障。但是细缝纫线接缝比较紧密、光洁，不会导致接缝皱缩，线迹也不易磨损，而且有利于提高缝纫效率，因此在缝制中，要根据缝料的厚度等性能和缝纫工艺要求，来合理选择线的粗细规格，这是保证缝纫效果的一个必不可少的条件。

通常织物越厚，用线越粗，而且面线宜稍粗于或近似于底线。要根据接缝在服装穿着性能外观上所起的作用，综合选定缝纫线。

3. 断裂强度的选择

缝纫线的使用寿命、可靠性和安全性必须高于衣物本身，同时须适应现代高速缝纫机的需求。

4. 捻向和捻度的选择

加捻的作用是为了提高缝纫线的强度。如捻度太小，将出现断线现象；捻度太大，就会产生缝线在形成线环的过程中，梭尖勾不住线环而引起跳针的故障，还会使缝纫线在缝纫过程中产生绞结现象，而影响缝纫机正常供线，造成线迹不良和断线等故障。作为面线无论是Z捻还是S捻，其捻度均不能太大，否则将减小面线线环的胖度，增加其线环对机针中心的斜度，这样缝线线环的稳定性就差，容易产生跳针。

5. 颜色和色牢度的选择

在选择缝纫线的颜色时，要反复察看所选用的缝纫线在织物样品上缝制的情况，而不要将缝纫线的线管放在织物表面比较颜色，更不能举着缝纫线管与织物对比一次即选定颜色。缝纫线颜色宜比织物深0.5～1级。

缝纫线色牢度有耐洗色牢度（包括式样变色和贴衬织物沾色）和耐摩擦色牢度（包括干摩擦和湿摩擦色牢度），这是必须考核的指标。目前市场上量大面广的涤纶缝纫线的干摩擦色牢度，往往达不到规定的3～4级要求，要引起注意。对一些作为特殊用途的缝纫线，需要增加相应的考核项目指标，如沙滩装要测其耐光色牢度，而且应将此指标作为保证指标进行考核。

6. 耐腐蚀性的选择

耐腐蚀性是衡量缝纫线能否承受各种化学材料侵蚀的一个重要指标。如涤纶线等受到萘制樟脑丸的侵蚀，会降低线缝的强度，所以应选用耐蚀性较好的线进行缝制。

7. 吸湿性、弹性的选择

任何缝纫线都应具有一定的弹性，缝制皮革制品时，应使用弹性较大的高强涤纶长丝线或锦纶长丝线。

棉、丝、麻吸湿性强，制线后若整理工艺不合理，将影响到缝纫线的柔软性。阴雨天，缝纫线易吸收空气中的大量水分，导致缝纫时产生湿针现象或线环成型不良，发生跳针故障。吸湿性较强的缝纫线如果保管不善，还会造成线的霉蚀变质，使其强度下降。

三、新型缝纫线

随着经济全球化的发展，现在的服装企业越来越重视加工的效率，追求时间高效，对服装加工缝纫的工序提出了更高的要求。于是，与之相匹配的缝纫线就必须具备较高的品质。下面就新品种缝纫线的原料及适用范围做简单叙述，如表1-3所示。

表 1-3 新品种缝纫线

行业	品牌		原材料	适用范围
制衣	Serafil	Serafil	连续涤纶	可做高档西服珠边线
		Serafil-WR	连续涤纶	户外用品
		Serafil120～300＋	连续涤纶	挑脚、轻薄面料
	Saba	Saba	100%涤纶	针位
		Sabatex	100%涤纶	锁边及绷缝线(摺骨)
		SabaFLEX	创新物料 PTT	内衣、泳衣
	Mercifil		埃及长纤维棉线	制衣(缝制后染色工序)
	CONSIN		尼龙	防水风衣
皮具	Serafil	Serafil	连续涤纶	皮具缝纫
		Serafil-WR	连续涤纶	户外用品、登山鞋
	CONSIN		尼龙	皮具缝纫
	Saba	Saba 8	100%涤纶	鞋、手袋、皮带、行李箱
		SabaFLEX	创新物料 PTT	运动鞋
	Strongfil		聚酰胺 6.6	运动鞋
特殊工业	TechX	K-TechX	杜邦 KEIL	消防用品、宇航服
		K^C-TechX	杜邦 KEIL	防弹衣、安全气袋、轮胎
		N-TechX	凯夫拉	耐热工作服、工作鞋
		N^C-TechX	凯夫拉	重型安全鞋、飞机座椅
	PaxX 80 SNA		涤纶	航海工业用线
	TENARA		GORE 纤维	遮阳产品
绣花	ISAMET		尼龙＋金属丝	女士晚装、童装刺绣
	ISALON		三角亮光涤纶	适合较细小的图案刺绣
	ISACORD		连续涤纶	运动服、牛仔服、皮革刺绣

第六节 手工熨烫工艺

熨烫是服装缝制工艺的重要组成部分，它的作用有以下三点：一是通过熨烫使衣料缩水，去除褶痕；二是经过熨烫加热定型，使服装的外形平整；三是通过归拔熨烫，将平面的衣片塑造成适合人体的立体形态。

一、手工熨烫的工艺参数

手工熨烫可以用灵活多变的手法塑造服装的立体造型，具有独特之处。所以，手工熨烫仍是服装缝制过程中一项必不可少的基本工艺。

（一）手工熨烫的温度和湿度

手工熨烫的温度和湿度，与织物的性能以及熨烫方法有关。在熨烫之前，首先要熟悉织物的性能及其受热的允许温度。

纯棉织物的化学性能比较稳定，直接加温如超过100℃时其纤维本身不起变化，所以纯棉织物的熨烫温度可选在150～160℃之间。对含浆量大的白色或浅色织物，熨烫温度一般不超过130℃，因为温度再增加，浆质就会变黄，使织物表面呈现出被烫黄的样子，影响外观。由于纯棉织物的吸湿性较好而弹性较差，故熨烫时一般不需另外加湿。

纯毛织物的特点是吸湿性和保温性好，又富于弹性，但导热性能很差，一般都要加湿熨烫，并要增加熨烫的持续时间，因此纯毛织物表面不宜与熨斗直接接触，而要隔布熨烫。常用的方法是在被熨部位覆盖一层干布，在干布上再加盖一层湿布进行熨烫。湿布的作用是给湿，给湿后即取去。这种熨烫方法能使被熨部位的加湿度和受热度都比较均匀，熨烫效果较好。纯毛织物的熨烫温度，根据熨烫部位和熨烫方式的不同，可选在150～170℃之间。如对服装前后衣片的归、拔、推烫，是单层加湿熨烫，织物直接与熨斗接触，中间无法垫布，所以熨烫温度应稍低一些，其熨烫温度可选在150℃左右，可增加熨烫的延续时间。隔布加湿熨烫，其温度可提高到160～170℃，使织物的实际受热温度仍保持在150～160℃之间，并保证有一定的延续时间。对有些纯毛织物，如法兰绒、啥味呢、凡立丁、派力司等，由于一般颜色较浅，织物表面容易呈现黄色，所以熨烫温度还应降低一些。一般喷水熨烫，温度可掌握在130～140℃之间，且延续时间也不能过长。

涤纶织物的耐热性能很好而吸湿性又很差，所以其熨烫温度可选在150～170℃之间，采用加湿熨烫效果较好，延续时间不需过长。

腈纶织物的耐热性略低于涤纶织物，其熨烫温度可选在140～150℃之间，加湿度也可尽量小些。

粘胶纤维的化学组成与棉纤维相似，耐热性接近于棉纤维，吸湿性较棉纤维好，故其熨烫温度可选在150～160℃之间。由于粘胶纤维在湿态时会膨化、缩短和变硬，纤维强度也会大幅度下降，所以在熨烫时应尽量避免给湿，以免织物出现条形收缩以及起皱不平等现象。

对于花样繁多的混纺织物，则根据混纺材料及比例的不同，一般按耐热性最差的纤维选取其熨烫温度。

在服装的熨烫加工中，还有两种织物须注意：一种是维纶织物。对维纶织物不宜加湿熨烫，这主要是因为维纶织物在热湿作用下会急剧收缩以致熔融。熨烫温度只可选在120℃左右。另一种是柞丝织物，不能直接喷水熨烫，因为喷水是一种不均匀的加湿，在柞丝织物的表面往往会呈现星点形水迹，影响外观。若必须加湿熨烫时（比如在服装的多层部位，由于缝制等方面的问题），则可在被熨部位盖一层干布，在干布上再加盖一层拧得很干的湿布，熨斗在湿布上烫一下后，迅速将湿布去掉，接着趁热在干布上熨烫，这样织物接触的是热蒸汽，可避免水印出现。即使这样，仍应尽量在被熨烫部位的反面进行。

（二）手工熨烫的压力和时间

手工熨烫压力应根据具体情况而定。对于较薄的织物，一般靠熨斗本身的重量就够用；对较厚织物的服装多层部位（譬如厚呢服装的领子和止口等），熨烫时则应适当增加压力和时间，使多层部位压缩变薄，以提高产品的外观质量。熨烫时间是一个可变量，它是随着温度、湿度和压力的变化而改变的。

手工熨烫的熨烫温度、湿度、压力和时间这四个因素是相辅相成的，既可相互弥补，又可相互调节。如熨烫时感到温度偏低，则可以放慢熨斗的移动速度，停留的时间略为长些；也可加大熨烫压力等等。因此在实际操作过程中，对熨烫时的湿度、温度、压力及时间要灵活掌握，以达到熨平或定型的目的。

二、手工熨烫的常用工艺形式

手工熨烫时的工艺很多，但归纳起来，常用的大致有：分缝熨烫、扣缝熨烫、平烫及推、归、拔烫。

（一）分缝熨烫

在服装缝制过程中，将缝合的衣缝用熨斗烫开，这一工艺叫分缝熨烫。由于服装上衣缝所在的部位不同，分缝方法也不同，大致分为三种方法。这三种方法有时是独立的，有时又是相互配合的。

1. 平分缝熨烫

平分缝熨烫就是在分缝熨烫时，用不拿熨斗的手或用熨斗尖将缝头分开，同时，熨斗跟上向前烫平。烫时要求不伸不缩，摆平即可。可根据面料性能选择干烫还是湿烫。

2. 拔分缝熨烫

拔分缝熨烫主要用于衣服熨烫时需拔开的部位的缝的熨烫，如熨烫裤子的下裆缝、上衣的袖底缝等。熨烫分缝时，熨斗加大压力，随着熨斗的走向，另一只手将分缝拉紧，使其伸长而不吊起，熨斗往返用力分烫。

3. 归缩分缝熨烫

归缩分缝熨烫主要用于衣服熨烫时斜丝部位的缝的熨烫，以防斜丝伸长，如上衣的外袖缝、肩缝等斜弧线处。同时还要借助铁凳（烫肩缝）、拱形烫木（外袖缝）等辅助工具，以防宽松。熨烫分缝时，熨斗尖分烫，另一只手的中指和拇指按住衣缝与两侧，熨斗前行时，熨斗前部稍抬起，用力竖直压烫。

（二）扣缝熨烫

在服装缝制过程中，需将毛口的缝边折转折烫成净边，或将底边扣折成净边，即称扣缝熨烫。扣缝熨烫常用的有两种，即平扣和缩扣。在扣烫时，熨烫动作应轻重互相配合。

1. 平扣缝熨烫

平扣缝熨烫也称直扣缝熨烫，常用于熨烫裤腰的直腰边扣转，或熨烫精做上衣中里子摆缝、背缝、袖缝等部位的扣折。熨烫方法是：扣烫时，将所需扣烫的缝头，沿熨斗的走向逐渐折转。熨斗尖轻微地跟在后向前移动，然后熨斗底部稍用力来回熨烫。扣烫时，轻重要相结合。

2. 缩扣缝熨烫

缩扣缝熨烫主要用于扣烫袋角处的圆角或上衣底边的弧线的扣折。扣烫时，需按净样板或净线来扣折。熨烫方法是：先将直边烫死，然后再扣圆角或弧线，不拿熨斗的手的食指和拇指，捏住缝头折转，熨斗随后跟上，利用熨斗尖的侧面，把圆角或圆弧处缝头逐渐往里归缩平服。扣烫完成后，要保证边口处均平服，里层不能有折叠，熨斗起落要轻重相配合。

（三）平烫

平烫不改变衣料的尺寸和形状，只要求将衣料烫平整，不能拉长或归拢衣片。熨烫时熨斗用力均匀，沿衣料的直丝绺方向有规律地移动。

（四）推、归、拔烫

推、归、拔烫的工艺性很强，通过热塑性变形和定型，对平面衣片进行立体曲面塑造。因此，熨烫时必须有相应的湿度，且熨烫部位应准确，符合人体体型。

1. 拔

拔就是拔开，是将衣片某部位经过热处理后使其伸长的意思。拔烫时，将需拔开的部位靠近身体、喷水，不拿熨斗的手拉紧衣片中需拔开的部位，同时熨斗用力向拔长部位由外至内，做弧线熨烫。应反复熨烫，直至达到所需效果。

2. 归

归就是归拢，是通过热处理使衣片某部位缩短的意思。归烫时，将需归拢的部位靠近身体、喷水，不拿熨斗的手把衣片中需归拢的部位推进，同时熨斗用力由归拢部位的内部向外部，做弧线熨烫。应反复进行，直至达到所需效果。

3. 推

推是归的继续，是通过熨斗的熨烫运动将归拢后的层势推向所需部位给予定位。

三、常用的服装熨烫工具

常用的服装熨烫工具见图 1-21 所示。

1. 熨斗

电熨斗是手工熨烫的主要设备，可分为普通电熨斗、调温电熨斗和蒸汽电熨斗。服装在制作过程中的熨烫、归和拔以及服装制成后的整熨定型都是通过熨斗来完成的。熨斗功率一般在 300～1 500 W，常用的普通电熨斗和调温电熨斗的重量在 1～8 kg，使用中应根据面料的厚度、面料的耐热性来选择使用。轻型熨斗适于熨制衬衣等薄型面料的服装，重型熨斗适于熨制呢绒等厚型面料的服装；熨烫零部件可用 300 W 或 500 W 的小功率熨斗，熨烫呢料类成品服装则应选用 700 W 或 1 000 W 功率较大的熨斗，其面积大、压力大，可提高工作效率和熨烫定型效果。

2. 烫台

常用的烫台有吸风烫台和简易烫台。吸风烫台在熨烫时，可以把衣服中的蒸汽抽掉，使熨烫后的部件或衣服快速定型、干燥；简易烫台需要包上垫呢，以保证产品洁净，吸收熨斗喷出的水分，因此，一般用棉质的线毯或呢毯等，表面包上一层白粗布。烫台的硬度要适度，以免影响熨烫效果。

3. 喷水壶

喷水壶能喷出均匀的水雾，润湿需熨烫的部位，使熨烫后更加平服，达到熨烫效果。

4. 烫凳

烫凳主要用于熨烫呈弧线或筒状的部位，以保证弧线部位能烫煞。如裤的侧袋，上衣的肩缝、袖缝等。凳面要铺上旧棉花，中央稍厚四周略薄，外包棉布，软硬适度。

5. 铁凳

铁凳主要用于熨烫半成品中不易摆平的呈弧形的部位，如垫在袖窿里烫肩缝、袖山头等。凳面需铺上旧棉花，外包白棉布，软硬适度。

6. 拱形烫木

外形中间高，两头低，呈弓形。用于半成品中的后袖缝、摆缝等不能放平的弧形缝，以避免缝子走形。

7. 布馒头

布馒头一般由粗棉布或羊毛做面、内装木屑做成，外形似馒头。分成圆形和椭圆形两种，通常羊毛的一面用于毛织物的熨烫，棉布的一面用于其他衣料熨烫。常用于熨烫胸部、臀部、衣领、驳头等已形成胖势和弯势的部位。

8. 水布

水布是熨烫服装时，在衣料与熨斗之间放上的一层白棉布，用以分担一部分来自熨斗的压力与热量，避免服装表面烫出亮光并保持服装的清洁。根据面料的性能，可选择干烫、喷水或全部浸湿等不同方法。

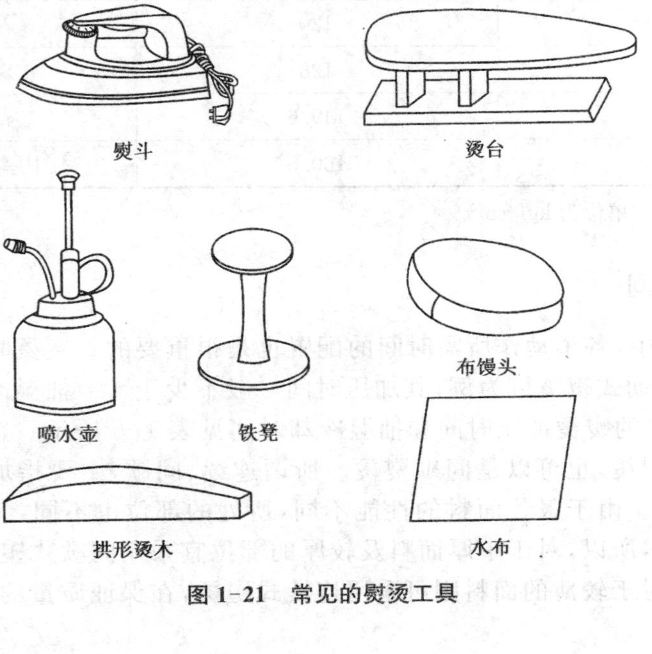

图 1-21 常见的熨烫工具

第七节　机械熨烫工艺

机械熨烫就是通过机械来提供熨烫所需的温度、湿度、压力、冷却方式以及符合人体各个部位的烫模，完成熨烫定型的全过程。目前使用的熨烫机械以蒸汽熨烫机为主。由于手工熨烫是靠电熨斗的金属底面直接使织物受热的，往往会使织物受热不均匀，容易烫坏面料和产生极光。蒸汽熨烫机则可克服电熨斗所产生的弊病，不仅能够保证质量，更重要的是大大提高了生产效率，减轻了工人的劳动强度。

蒸汽熨烫机的工作过程是：将需熨烫的部位放在熨烫机的下模上，在合模的同时由上模喷出高温高压蒸汽，然后加压，抽湿冷却，以达到定型的目的。

一、蒸汽熨烫工艺参数

熨烫工艺参数的选择与面料性质、熨烫部位以及设备特点有关。合理地调节熨烫工艺参数是提高产品质量、降低能量消耗的重要因素。

（一）熨烫温度

蒸汽熨烫的温度与蒸汽的压力有着直接的关系，蒸汽的压力决定了蒸汽的温度。一般来说，蒸汽压力越大，蒸汽温度越高。表 1-4 所示是一组实测数据。

表 1-4　蒸汽熨烫温度与蒸汽压力的关系

蒸汽压力/kPa	蒸汽温度/℃	适用品种
245(2.5)	120	化纤面料
249(3)	128	混纺面料
392(4)	149.6	薄型毛面料
490(5)	160.5	中厚及厚型毛面料

注：括号内的数字单位为 kgf/cm^2。

（二）熨烫时间

在熨烫过程中，各个动作所需时间的配置也是很重要的。熨烫时间配置和面料的性能有关。以手动式熨烫机为例，其加压时间一般不少于 4 s，抽湿冷却时间一般不少于 7 s。不同面料的熨烫加压时间和抽湿冷却时间见表 1-5 所示。在熨烫时间的搭配上，可以是连续熨烫，也可以是间歇熨烫。所谓连续、间歇，主要指加压、喷汽、抽湿等动作的连续与否。由于服装面料的性能不同，所处的部位也不同，纤维充分软化所需的条件就不一样，所以，对于中厚面料及较厚的部位宜采用间歇式熨烫，这样可以保证熨烫的质量；而对于较薄的面料则可采用连续式熨烫，在保证质量的前提下，可提高生产效率。

表 1-5 不同面料的熨烫加压时间和抽湿冷却时间

面　料	加压时间/s	抽湿冷却时间/s
丝绸面料	3	5
化纤面料	4	7
混纺面料	5	7
薄型毛面料	6	8
中厚型毛面料	7	10

(三) 熨烫压力

熨烫压力,根据织物情况及熨烫部位的不同而不同。手动式熨烫机通过烫模的闭合对衣料产生压力,并通过加压微调机构来获得不同的压力。在实际生产中,这是由技术员凭经验调节的。而自动熨烫机则是通过控制压缩空气的压力来获得熨烫压力的。一般的织物都需进行加压熨烫,但如果压力使用不当,织物表面往往会出现极光现象。

对毛呢织物进行熨烫时,为了保持其毛绒丰满、立体感强的特点,不宜采用加压熨烫,而是采用虚汽熨烫的方法。所谓虚汽熨烫,就是合模时,上模与下模之间留有间隙,始终不接触,然后进行喷射蒸汽、抽湿冷却等动作。这样既不破坏毛呢织物的外观,又达到了熨烫定型的目的。

对毛呢织物采用虚汽熨烫时,虚汽的时间宜长,以使纤维充分软化。然后抽湿冷却,其时间也宜长些,这样熨烫出的效果最佳。

(四) 蒸汽喷射方式

熨烫机喷射蒸汽的方式可分为上模喷射和上、下模同时喷射两种形式。它是由机构本身决定的。一般部位的熨烫机只要具备上模喷射就可以了;但对于熨烫厚实部位的熨烫机(如敷衬机)以及产生较大变形的归拔烫机(如裤片归拔机)等,则需上、下模同时喷射蒸汽才能达到比较理想的定型效果。

二、熨烫机简介

(一) 熨烫机的主要构成

以日本重机公司生产的半自动熨烫机为例,熨烫机主要由机架、模头操作机构、烫模、真空系统、蒸汽系统、气动系统、控制系统构成。

(1) 机架:用于固定或支承机器的零部件。

(2) 模头操作机构:用于实现合模、加压、启模等动作。

(3) 烫模:烫模分为上模和下模。上模喷射蒸汽,下模用于支承和吸附被烫物(有些在合模后也可喷射蒸汽)。上下模合上后的夹紧力就是施加于被烫物的总压力。抽湿可在下模腔中形成真空,以吸附烫件,并使被烫物冷却、去湿。

(4) 蒸汽系统:喷射蒸汽,承担对被烫物的加热与给湿。

(5) 真空系统:通过控制阀可使下模腔产生负压,形成真空度。

(6) 控制系统:是熨烫机自动部分的控制中枢。

(7) 气动系统:作为自动控制的执行机构,用于实现合模、喷蒸汽、加压、抽真空等动作。

(二) 熨烫机的附属设备

熨烫机是发生熨烫动作的主体,但为了满足熨烫的蒸汽、压力等基本条件,则还需要其他设施配套使用才能完成熨烫工艺的全过程。与熨烫机配套使用的附属设施主要有锅炉、真空泵以及空气压缩机。

(1) 锅炉:锅炉是蒸汽的发生源,是使被烫物受热的基本条件。锅炉的容量以熨烫机耗汽量总和加上管道蒸汽损耗量而定。

(2) 真空泵:其作用是产生负压,以便使被烫物定位、抽湿、干燥和冷却。

(3) 空气压缩机:其作用是压缩空气,用作半自动或全自动熨烫机气动执行元件的动力源。

与真空抽湿烫台配套使用的有:电热锅炉、蒸汽熨斗以及电子调湿器。

第二章　服装部件制作工艺

章节提示：本章扼要地介绍了男式衬衫领、西服领、一片袖、二片袖、宝剑头袖衩、裙衩、隐形拉链、中分式拉链、带门襟拉链、斜插袋、后嵌线袋等服装部件的制作工艺。本书的工艺图中尺寸单位均为 cm。

第一节　领的制作工艺

一、男式衬衫领的制作工艺

1. 在翻领净样的基础上裁剪翻领面料，缝缝 1 cm，如图 2-1(1)所示。

2. 在翻领净样的基础上裁剪翻领领衬，领衬放缝为“三净一毛”，即领底线放缝 0.7 cm，其余三周均为净样，如图 2-1(2)所示。

3. 将领衬与翻领的反面烫牢，如图 2-1(3)所示。烫时注意领面的里外匀，适当弯成弧形。领衬领面保持干净，无线头、无污渍。

4. 为了领子挺括，采用四分之一长薄膜压烫在两边领角上，角薄膜压烫时距领净样线 0.15 cm，如图 2-1(4)所示。

5. 将领面、领里正面相对，沿领衬净缝线缉缝，缉缝时要拉紧领里，使其比领面略小 0.3 cm 左右，如图 2-1(5)所示。

6. 翻领前先扣烫三边，如图 2-1(6)所示。领子翻出后，用熨斗压烫一遍，领子坐进 0.15 cm，烫实，再在正面压 0.3 cm 明线，如图 2-1(7)、2-1(8)所示。

7. 在底领净样的基础上裁剪底领面料，缝缝 1 cm，如 2-1(9)所示。

8. 在底领净样的基础上裁剪底领领衬，如图 2-1(10)所示。

9. 将领衬与底领的反面烫牢，如图 2-1(11)所示。

10. 底领扣烫 1 cm，并在正面缉 0.6 cm 明线固定，如图 2-1(12)所示。

11. 底领面里正面相合，面在上，里在下，中间夹进翻领，边沿对齐，三刀眼对准，如图 2-1(13)所示。

12. 按底领面包光的净缝下口，底领里下口放缝 0.7 cm，做好肩缝、后中三眼刀。再沿底领上口缉 0.2 cm 明线，如图 2-1(14)所示。

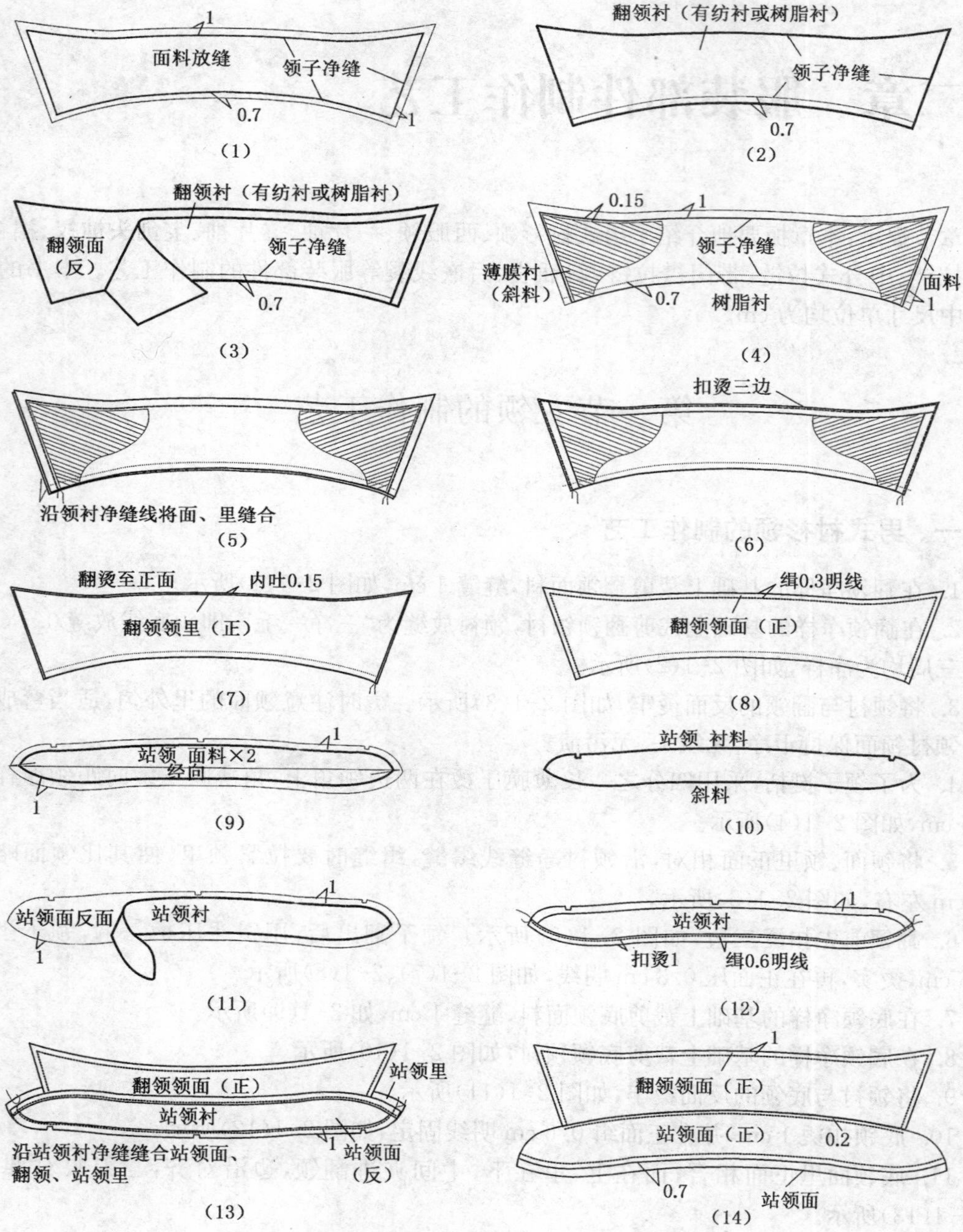

图 2-1 男式衬衫领的制作工艺图

二、西服领的制作工艺

（一）做西服领

1. 领面反面粘衬，衬离边 0.5 cm，如图 2-2(1)所示。

2. 领里粘好衬后，缝合，缝头 1 cm，如图 2-2(2)所示。

3. 将领里烫平，与领面叠合。领里放上面，缉线 0.8—1 cm，如图 2-2(3)所示。

4. 将缝好的缝头修剪成 0.5 cm，并烫折叠，反到正面，压烫领里。并将领面、领里修剪成大小一致，如图 2-2(4)所示。

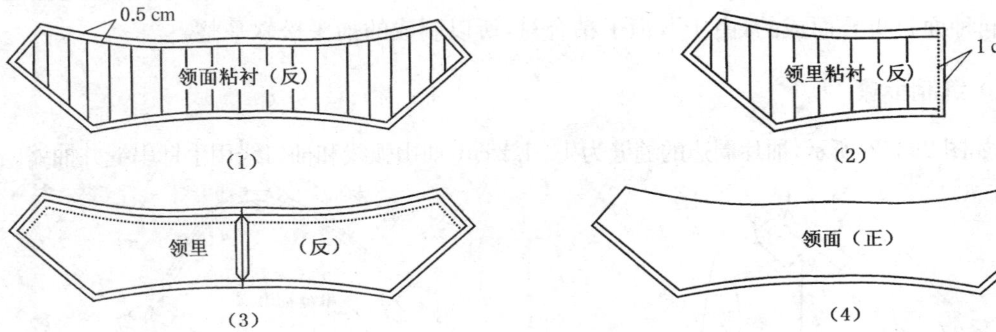

图 2-2　做西服领工艺图

（二）绱西服领

1. 领面串口与褂面串口拼接，领里串口与大身拼接。先装好左右两边串口，然后将领里中断与大身拼接，如图 2-3(1)所示。

2. 串口处领面与褂面分缝，领里与大身分缝。大身串口里口处剪一刀眼，且不能将缝缝剪断。其余缝朝里面坐倒，烫平，如图 2-3(2)所示。

3. 将折叠缝盖过领圈缝头，缉线，缉止口 0.1 cm，如图 2-3(3)所示。

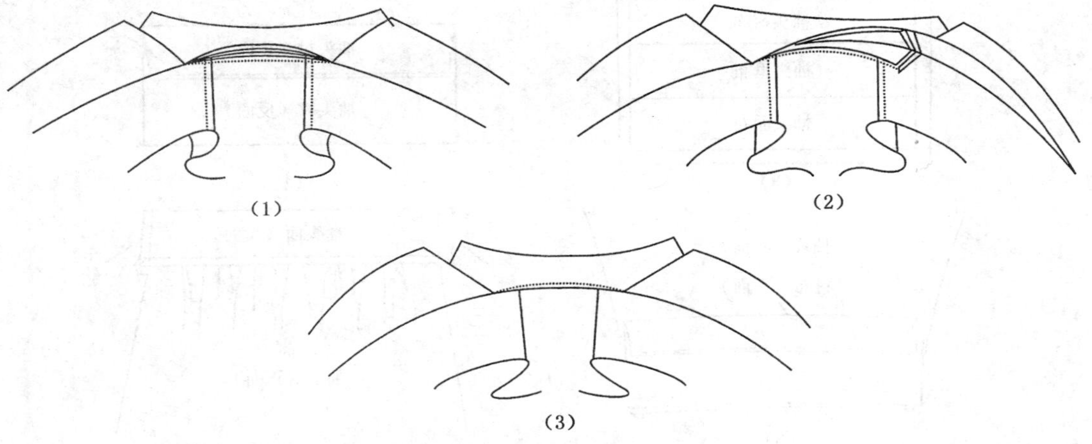

图 2-3　绱西服领工艺图

第二节　袖的制作工艺

一、一片袖的制作工艺

(一) 工艺概述

下面介绍的是一种女士衬衫袖的基本形式，如图 2-4(1)所示。这种袖子的袖头部分是由三层同种面料折叠而成的，由于取消了粘合衬，所以制成的袖头松软平整。

(二) 缝制步骤

1. 如图 2-4(2)所示，袖片周边的缝缝为 1～1.2 cm，袖山弧线和袖口线用手针串缝并抽缩。

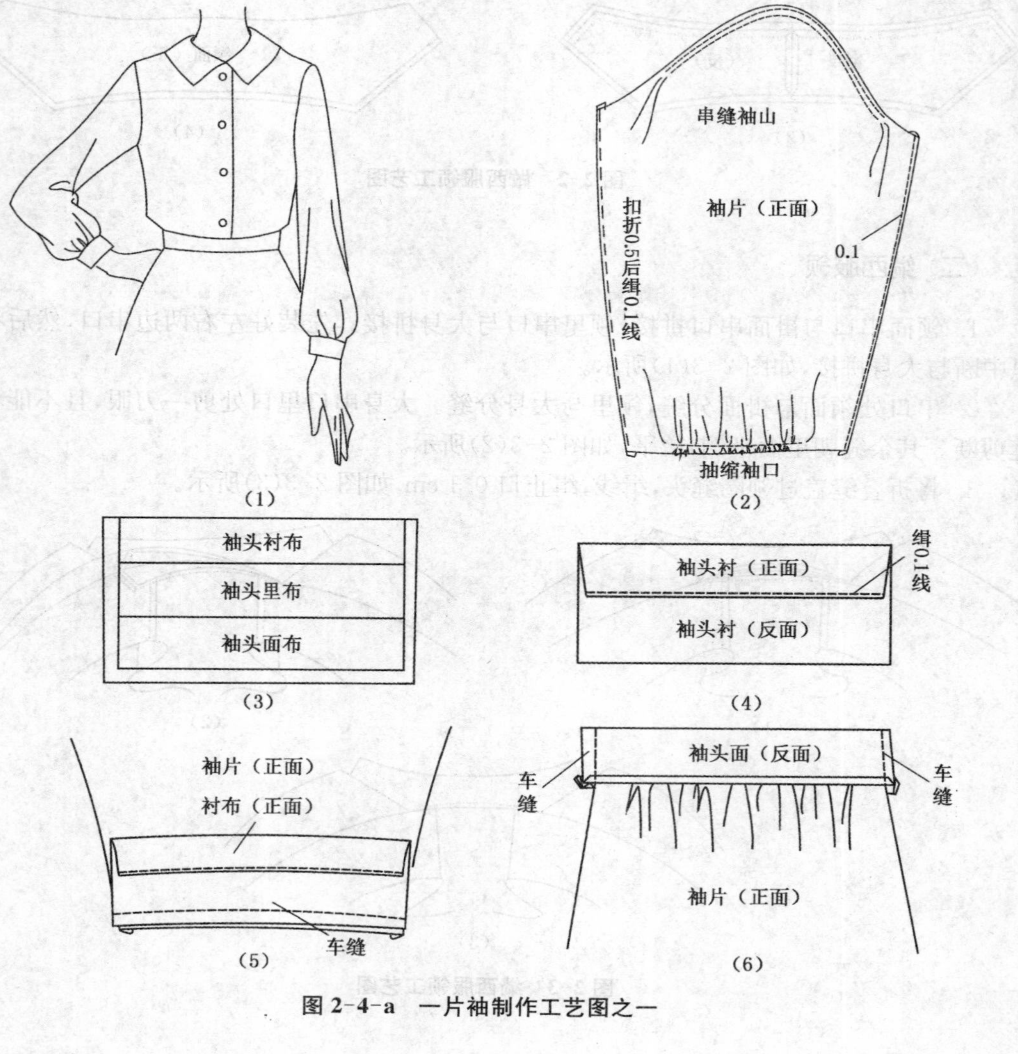

图 2-4-a　一片袖制作工艺图之一

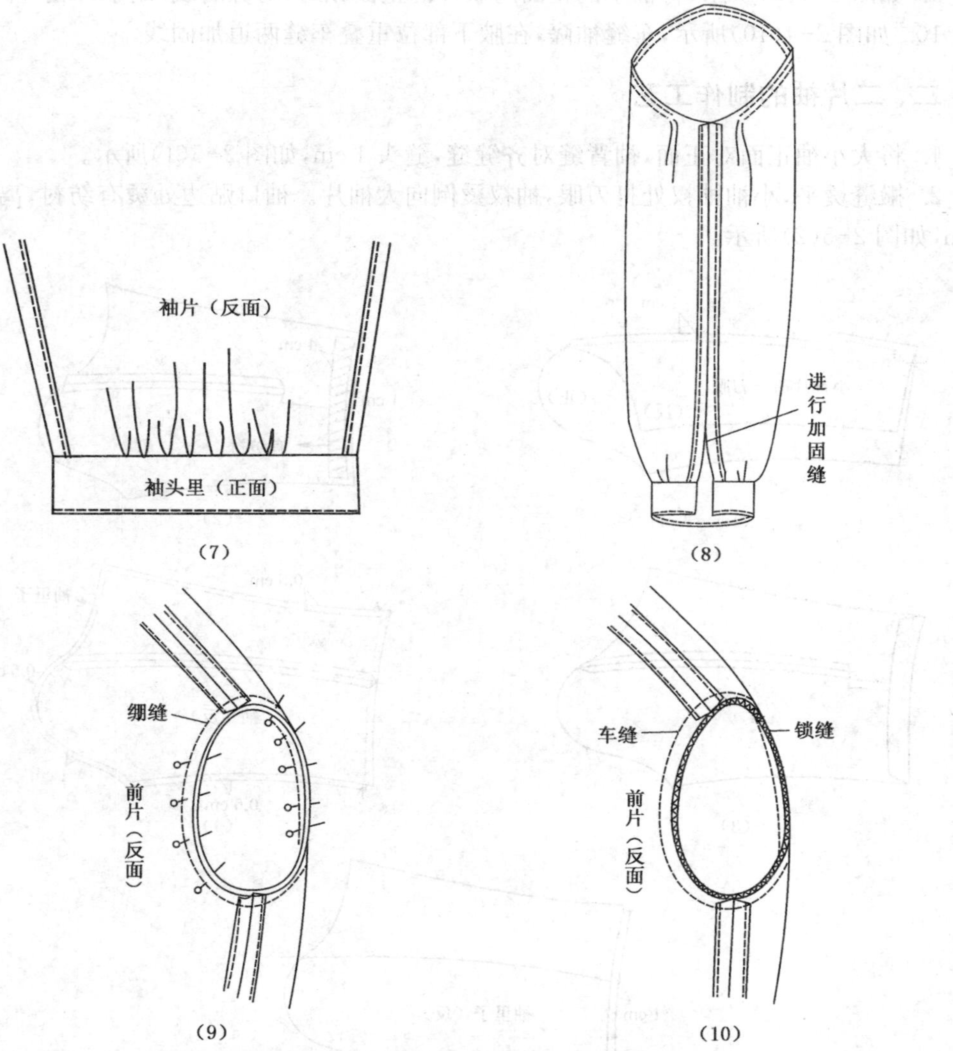

图 2-4-b　一片袖制作工艺图之二

2. 如图 2-4(3)所示，袖头裁片宽度为成品宽度的三倍，一片作为袖头衬布，一片作为袖头里布，一片作为袖头面布。

3. 如图 2-4(4)所示，将袖头衬向反面扣折，沿下边线缉一道 0.1 cm 宽的明线，再将袖头里扣折，袖头面的下端留出 1 cm 宽的缝缝。

4. 如图 2-4(5)所示，将袖头面的正面与袖片的正面相对，车缝袖口线。

5. 如图 2-4(6)所示，将袖头正面朝里对折，车缝袖头两端。然后清剪衬料的缝缝。

6. 如图 2-4(7)所示，将袖头的正面翻出来，使袖头里压住袖口线 0.2 cm，在袖头面的周边缉一圈 0.1 cm 宽的明线。

7. 如图 2-4(8)所示，缝合袖底缝并在开口的顶端打套结加固。

8. 抽缩袖山弧线并烫平皱褶，使袖山吃势分布均匀。

9. 如图 2-4(9)所示，将袖子的正面与衣片的正面相对，对齐肩线，用手针绷缝固定。

10. 如图 2-4(10)所示，车缝袖窿，在腋下部位重叠车缝两道加固线。

二、二片袖的制作工艺

1. 将大小袖正面对正面，袖背缝对齐缝缝，缝头 1 cm，如图 2-5(1)所示。

2. 撇缝烫平，小袖袖衩处打刀眼，袖衩烫倒向大袖片。袖口贴边处烫有纺衬，离袖口边 1 cm，如图 2-5(2)所示。

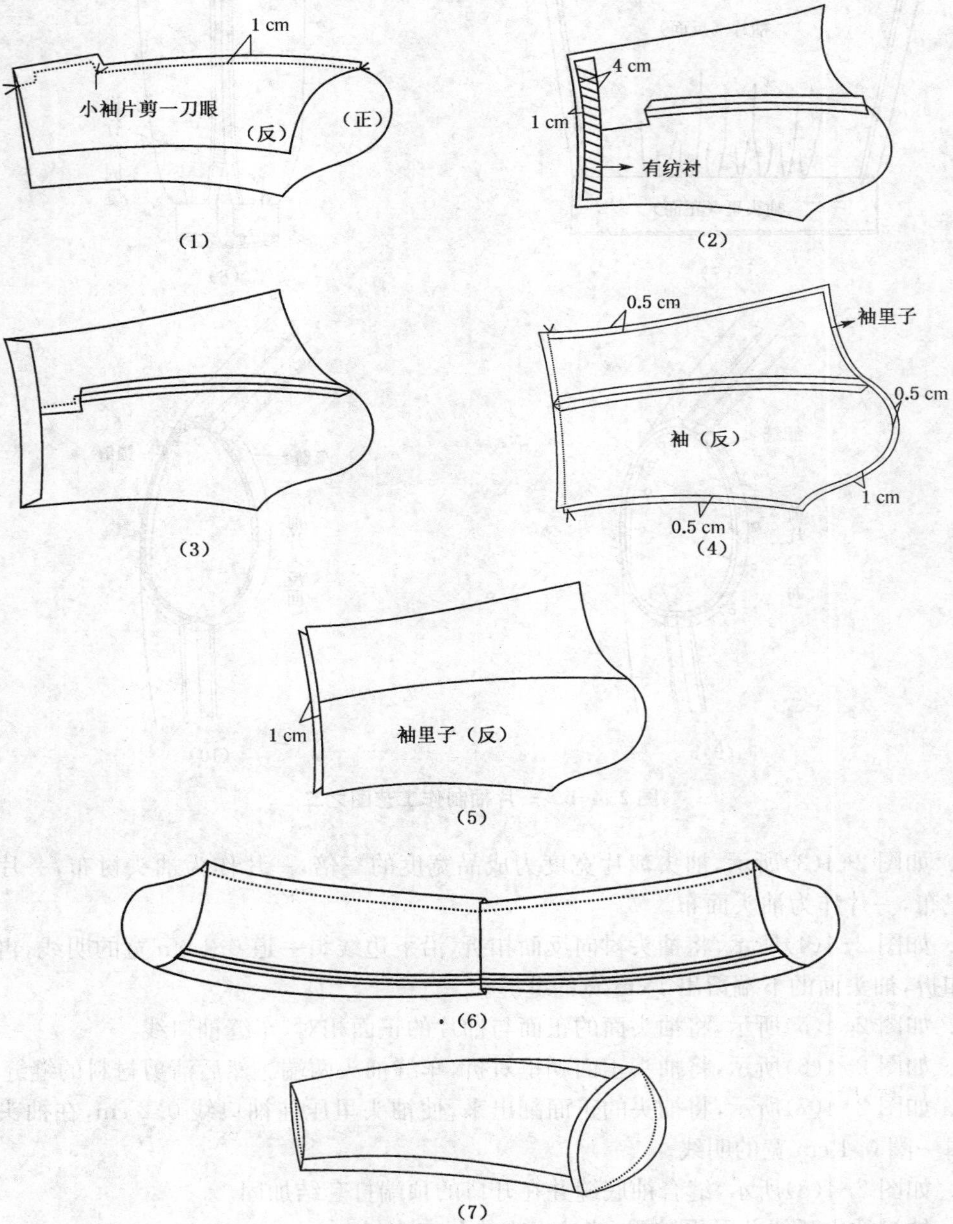

图 2-5　二片袖制作工艺图

3. 袖口贴边折叠，烫平，如图 2-5(3)所示。

4. 缝合袖里子省缝，烫平并留 0.5 cm 伸缩缝。袖面子与袖里子正面对正面，在袖口处缝合，缝头 1 cm，如图 2-5(4)所示。

5. 袖里子翻转离袖口 1 cm 处烫平，然后沿袖缝和袖山边沿“清刀”。袖缝两侧留 0.5 cm，袖山头留 0.5 cm，袖山两侧留 1 cm，如图 2-5(5)所示。

6. 缝合袖内缝，缝头 1 cm。袖口处里子沿折叠缝合，如图 2-5(6)所示。

7. 烫平袖缝，翻至正面。袖口处离边 10 cm 烫平，如图 2-5(7)所示。

第三节　衩的制作工艺

一、宝剑头袖衩的制作工艺

1. 确定袖衩的位置，画出剪开线的位置，如图 2-6(1)所示。沿着剪开线将面料剪开，如图 2-6(2)所示。

2. 按毛样裁剪袖衩里襟；裁剪袖衩门襟，周边按照图示加放缝缝，如图 2-6(3)所示。

3. 袖衩里襟两边各扣烫 0.8 cm，然后对折扣烫，如图 2-6(4)所示。

4. 袖衩门襟两边各扣烫 1 cm，然后沿着烫折线对折扣烫，如图 2-6(5)所示。

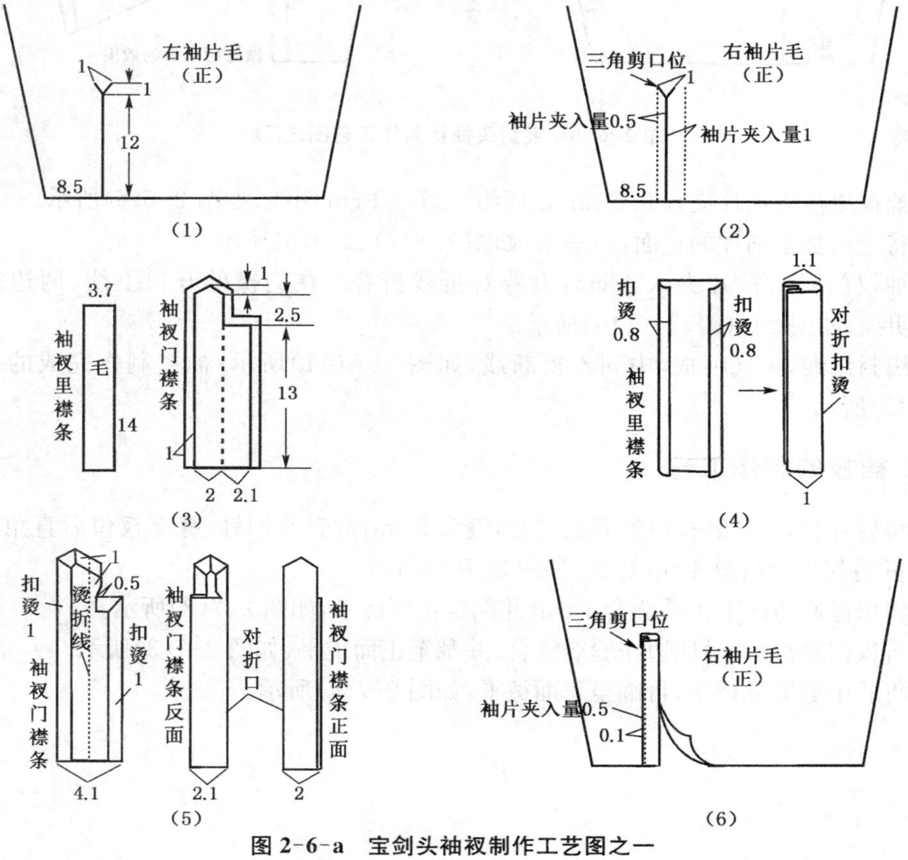

图 2-6-a　宝剑头袖衩制作工艺图之一

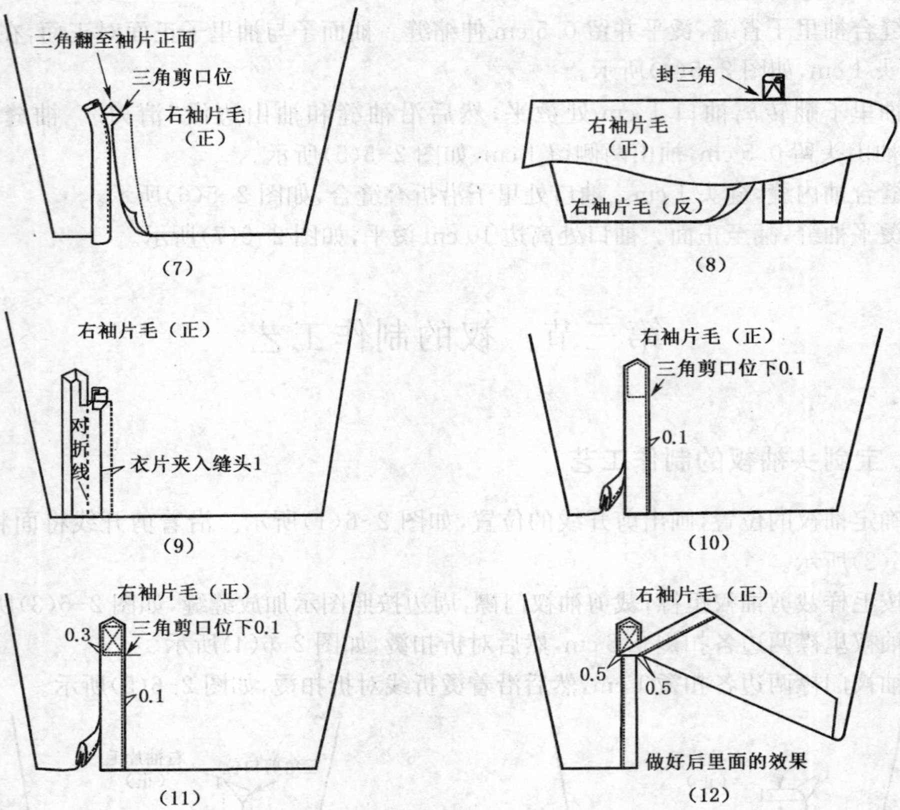

图 2-6-b　宝剑头袖衩制作工艺图之二

5. 袖衩里襟将袖片夹入 0.5 cm，正面缉一道 0.1 cm 明线，如图 2-6(6)所示。

6. 将三角翻至袖片的正面，封三角，如图 2-6(7)、2-6(8)所示。

7. 袖衩门襟将袖片夹入 1 cm，沿着对折线折叠。在门襟的开口上线、两边缉一道 0.1 cm 明线，如图 2-6(9)、2-6(10)所示。

8. 缉封结线，一气呵成，中间不得断线，如图 2-6(11)所示；袖衩制作完成的效果如图 2-6(12)所示。

二、裙衩的制作工艺

1. 将后片叠合，从装拉链处开始缝合，缝头 2 cm，起针来回针，缝至衩位后直角转弯继续缝制，并将衩里襟折叠 1 cm 缝合，如图 2-7(1)所示。

2. 将里襟底边向上折叠缝合 1 cm，并翻至正面烫平，如图 2-7(2)所示。

3. 将衩门襟折叠，沿底边净缝线缝合，并翻至正面烫平，如图 2-7(3)所示。

4. 将后中缝劈缝烫平，再翻至正面烫平，如图 2-7(4)所示。

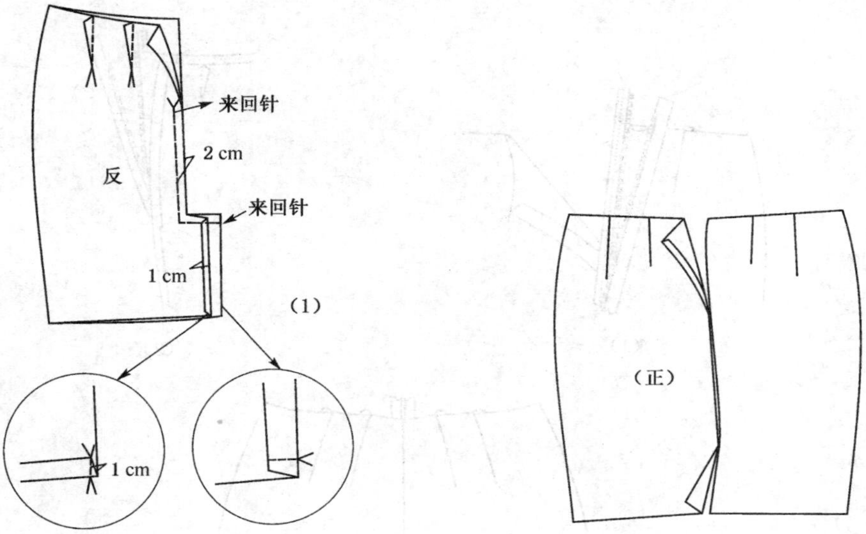

图 2-7　裙衩制作工艺图

第四节　拉链的制作工艺

一、隐形拉链的制作工艺

1. 将裙片后中缝缝合，预留装拉链位置，并撇缝烫平。拨开隐形拉链卷齿，拉链齿与净缝对齐。将拉链固定在缝头上，如图 2-8(1)所示。

2. 将拉链拨开，沿拉链齿边沿缉线(同单边压脚缝制)，另一边工艺与之相同，如图 2-8(2)所示。完成的效果图如图 2-8(3)所示。

二、中分式拉链的制作工艺

1. 将右后片开口部位缝平，折转，烫平。靠近拉链齿边内 0.3～0.4 cm，压缉 0.1 cm 止口至开口处。然后垂直向左片方向转折 90°，如图 2-9(1)所示。

2. 将左后片缝头折叠，止口并拢盖住拉链，压缉 0.8～1 cm 止口至腰口，如图 2-9(2)所示。

三、带门襟拉链的制作工艺

1. 将门襟贴边正面与左前裤片门襟正面对齐折叠，缉线 0.6 cm。缝头向门襟贴边方向烫倒，翻至正面烫平。门襟贴边止口坐进 0.2 cm，如图 2-10(1)、图 2-10(2)所示。

2. 装门襟、拉链：将左边拉链正面与门襟贴边正面相叠，拉链拉上。右边超出门襟 0.3 cm，左边离拉链边缘 0.2 cm，缉线，将拉链固定在门襟贴边上，如图 2-10(3)所示。

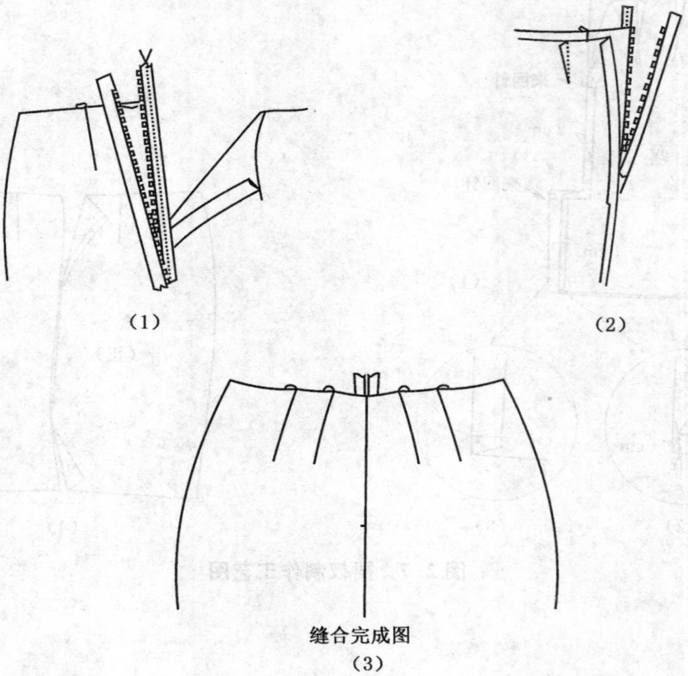

图 2-8　隐形拉链制作工艺图

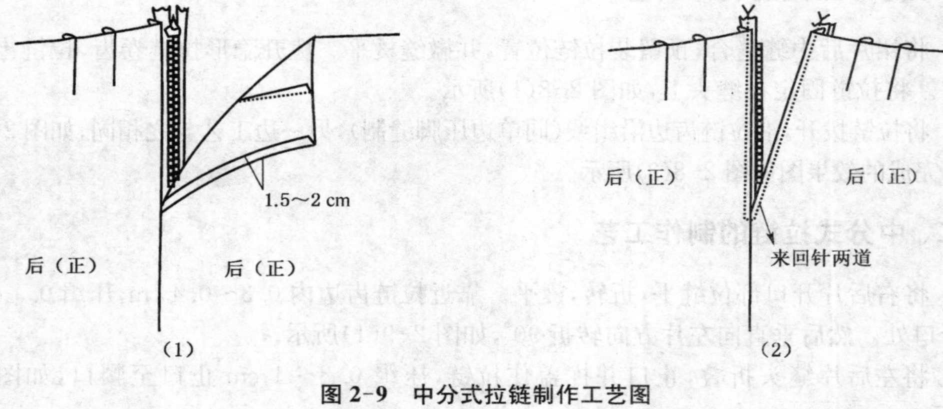

图 2-9　中分式拉链制作工艺图

3. 装里襟拉链：将拉链右边反面与里襟正面相叠，缉线，将拉链固定在里襟上，如图 2-10(4)所示。

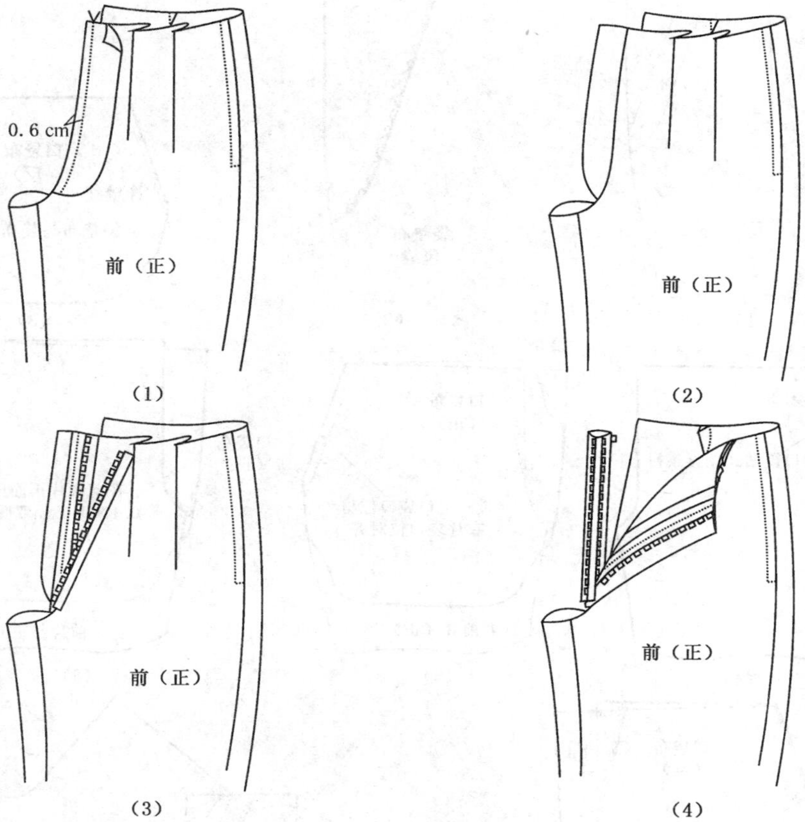

图 2-10　带门襟拉链制作工艺图

第五节　口袋的制作工艺

一、斜插袋的制作工艺

1. 按照结构图,裁剪相应的袋垫布、袋布等,如图 2-11(1)所示。

2. 袋垫布内侧包缝,如图 2-11(2)所示。袋垫布正面与口袋布反面相对,缝头 0.3 cm 缉一道明线,如图 2-11(3)所示。

3. 裤片袋口位置距离边沿 1 cm 处烫贴 1.5 cm 宽的直条衬,如图 2-11(4)所示。

4. 口袋布上口袋口位与裤片袋口位对齐,缉线,如图 2-11(5)所示。裤片翻折后,在裤片正面压 0.1×0.6 cm 双明线,如图 2-11(6)所示。

5. 口袋布在袋口止口位置内吐 0.15 cm,如图 2-11(7)所示。

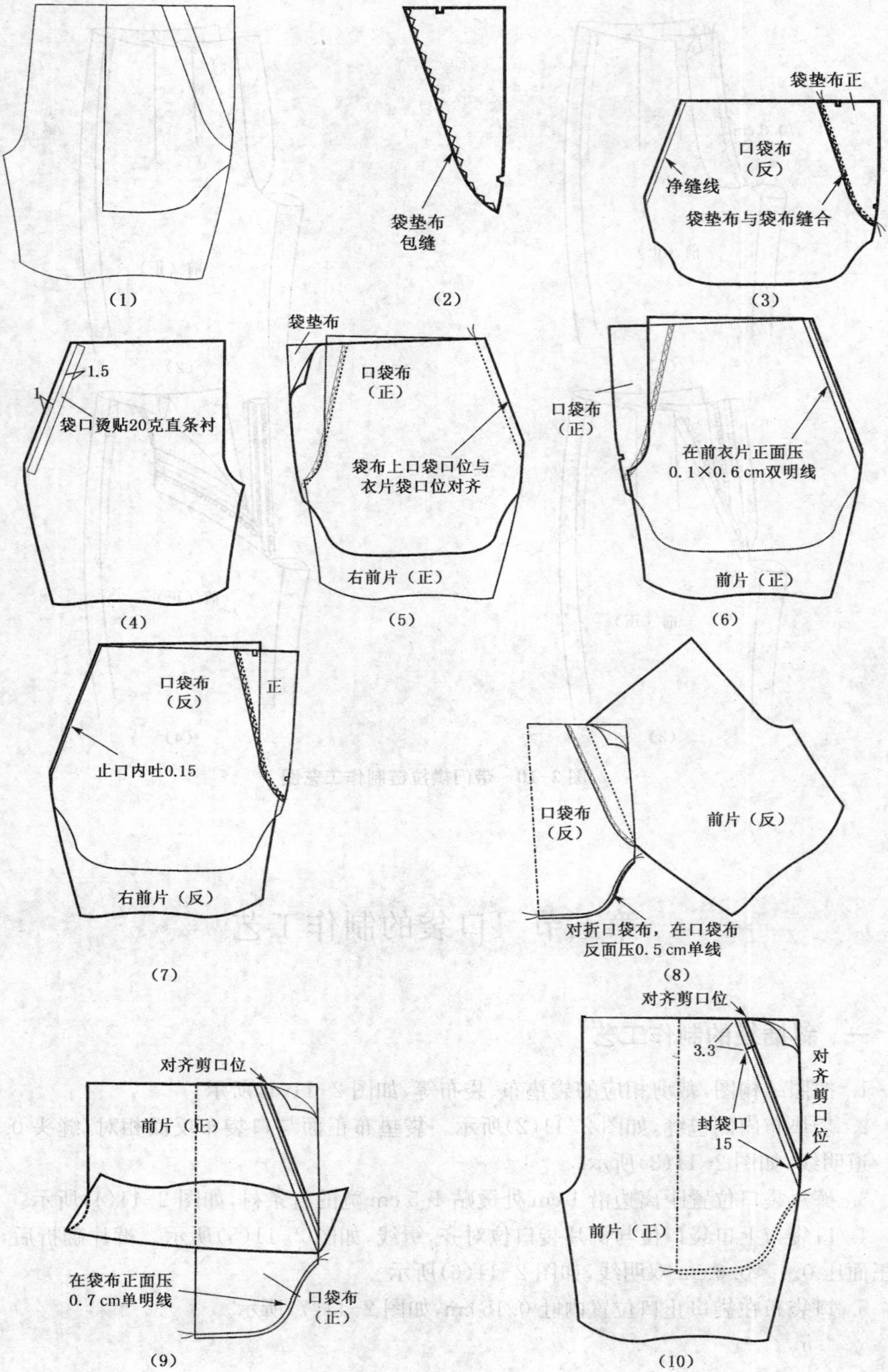

(1)
袋垫布
包缝
(2)
袋垫布正
口袋布
（反）
净缝线
袋垫布与袋布缝合
(3)
1.5
1
袋口烫贴20克直条衬
(4)
袋垫布
口袋布
（正）
袋布上口袋口位与
衣片袋口位对齐
右前片（正）
(5)
口袋布
（正）
在前衣片正面压
0.1×0.6 cm双明线
前片（正）
(6)
口袋布
（反）
正
止口内吐0.15
右前片（反）
(7)
口袋布
（反）
前片（反）
对折口袋布，在口袋布
反面压0.5 cm单线
(8)
对齐剪口位
前片（正）
在袋布正面压
0.7 cm单明线
口袋布
（正）
(9)
对齐剪口位
3.3
对
齐
剪
口
位
封袋口
15
前片（正）
(10)

图 2-11　斜插袋制作工艺图

6. 将口袋布对折，在口袋布反面压 0.5 cm 单线，如图 2-11(8)所示。在袋布正面压 0.7 cm 单明线，如图 2-11(9)所示。

7. 把袋布、袋口、裤片放平，封上下袋口，缉三四道线封住。上袋口封住后，将袋口以上部分缉住，如图 2-11(10)所示。

二、后嵌线袋的制作工艺

1. 裁剪上口袋布、下口袋布、口袋嵌线条和口袋垫布。上口袋布：长 17 cm、宽 17 cm；下口袋布：长 25 cm、宽 17 cm；口袋嵌线条：长 17 cm、宽 3 cm；袋垫布：长 17 cm、宽 6 cm，如图 2-12(1)所示。

2. 在衣片反面烫贴无纺衬，如图 2-12(2)所示。然后，在衣片正面画袋口，长 14 cm、与中心线上下各 0.5 cm，如图 2-12(3)所示。

3. 将上、下嵌线条烫折，两个嵌线条分别靠近折边 0.5 cm 处画线，如图 2-12(4)所示。

4. 将上嵌线条贴在衣片正面，上嵌线条上的画线与衣片袋口上边缘线对准，上嵌线条缉线 0.5 cm，如图 2-12(5)所示。将下嵌线条贴在衣片正面，下嵌线条上的画线与衣片袋口下边缘线对准，下嵌线条缉线 0.5 cm，如图 2-12(6)所示。

5. 在衣片反面，沿着袋口中间剪开，两头剪三角，如图 2-12(7)所示。

6. 将上、下嵌线条翻至衣片反面，熨烫平服，如图 2-12(8)所示。

7. 在衣片反面，上口袋布与下嵌线条缝头缝合，如图 2-12(9)所示。

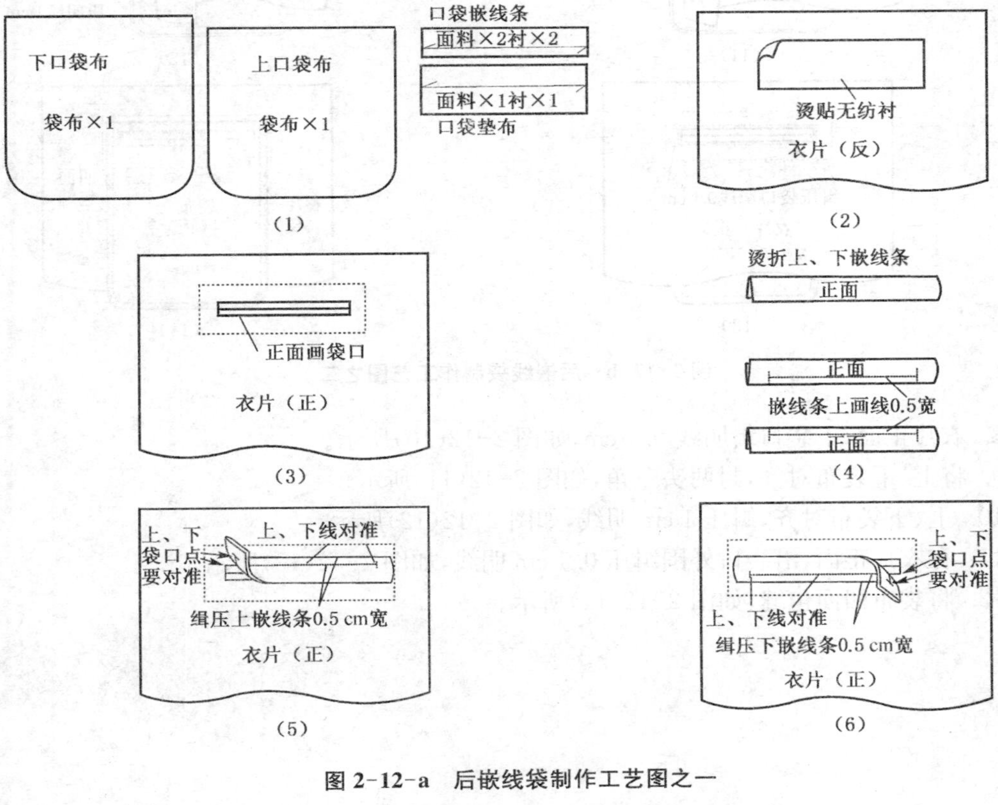

图 2-12-a　后嵌线袋制作工艺图之一

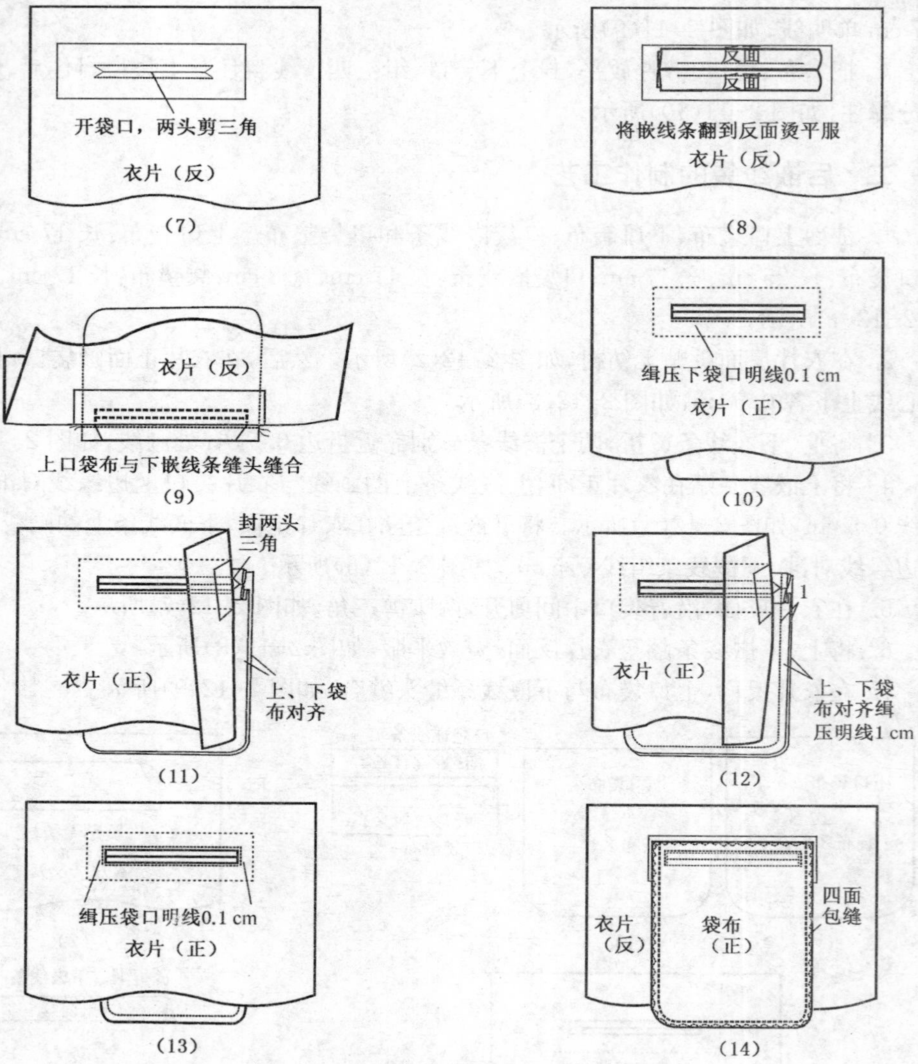

图 2-12-b　后嵌线袋制作工艺图之二

8. 衣片正面，下袋口缉明线 0.1 cm，如图 2-12(10)所示。
9. 将上、下袋布对齐，封两头三角，如图 2-12(11)所示。
10. 上、下袋布对齐，缉压 1 cm 明线，如图 2-12(12)所示。
11. 在衣片正面，沿袋口外围缉压 0.1 cm 明线，如图 2-12(13)所示。
12. 将袋布四面包缝，如图 2-12(14)所示。

第三章　课程实习

章节提示：课程实习是服装专业教学计划中重要的实践性环节，对学生在服装企业实际事务中的操作能力有很高的要求。本章主要阐述了女士短裙制作、男式西裤制作、女衬衫制作、男衬衫制作、服装市场调研、民族服饰采风等课程实习。

第一节　女士短裙制作

一、材料选择

（一）面料的选择

1. 质地选择

质地柔软的材料能表现出轻松、飘逸的感觉，而质地柔软且较厚的材料可表现出柔美、丰满的效果；经纬向密度较大的材料硬挺、呆板，密度较小的则松散、简洁、粗犷；薄的丝绸材料可表现出轻薄、华美、飘逸的效果，较厚的绸缎则可表现出雍容华贵的高雅气质；纱支数低，面料较粗，可做制服裙；纱支数高，面料较细，则多为夏季的主要材料。丝绒与针织材料有较好的悬垂性，可用于有悬垂性要求的裙装。应根据所设计的效果合理选择面料。

2. 颜色、花型的选择

根据市场现有的材料，选择与自己的设计颜色与花型相近的材料

3. 价格的选择

材料的价格决定着服装的成本，并最终影响到其销售价格与利润，因此，应根据其销售路线（高端路线与低端路线）选择合适的面料，以控制其成本。

（二）辅料的选择

辅料对服装有衬托的作用，能使服装的表面效果更加完美。辅料的种类很多，裙上所用的主要辅料有：线、带、扣、拉链、衬布等。

1. 线：常用的线有 60S/3 和 40S/2 配色涤纶线，以及 80S/3、100S/3 的锦丝线。

2. 拉链：裙的拉链主要是隐形拉链或尼龙拉链。

3. 扣子：扣子为服装上的“眼睛”，起着实用与装饰的作用。扣子的种类很多，要配合所设计的款式，适当地选择其大小和颜色。

4. 衬：衬为服装的骨头，能起到衬托、支撑服装的作用。衬布的种类也很多，女裙上一般用的衬布主要为有纺热熔衬与无纺热熔衬两种。以 20～25 克的无纺热熔衬用得最多。

其烫贴的部位主要有腰头、开衩位、拉链位等。

二、排料裁剪

（一）纸样制作

1. 根据结构图来制作纸样

在结构图上覆盖图纸，为了防止移动用针固定住，使用圆规和弧线尺正确地画取。

2. 纸样标记

* 在侧缝加入对位记号。确认缝合后的状态，尺寸的准确性，在此加入 2～3 处对位记号。

* 加入纸样的布纹方向线。为了保证裁剪时的准确性，在纸样上标注面料所通过的经纱方向。

* 在各片纸样中加入必要的名称、布纹方向及标记符号。

（二）排料裁剪

裁剪前应对布面不平整和布边不直的位置进行整理，然后再利用熨斗的热度和蒸汽对面料进行热缩和缩水处理，消除其缩率。

1. 排料

将面料对折，将纸样按照布纹方向进行排列，并用针固定好。在排列时注意面料不要浪费。腰头面料一侧可以利用布边，同时在两侧加入缝份。另外在裙长较短时，为了不浪费面料，在购买面料时，可以计算好用量。

2. 裁剪

为了保证假缝的量，裁剪时缝份稍多点。在纸样的轮廓、洞的位置、对位记号等主要位置用画粉画好，然后使用直尺、曲线尺等将纸样画完全。

三、女裙缝制工艺

（一）材料的处理

服装材料在纺纱、织造、印染、整理等工序的加工过程中，都会受到一定的机械张力，再加上多数材料在遇到水及一定的温度时会有不同程度的收缩现象，因此，我们对材料要进行缩水处理。具体做法是：将材料在温水中浸泡 1～2 小时左右，将其取出晾干，在八成干时再用熨斗将其完全烫干。

（二）西服裙缝制工艺

1. 为了缝合时比较流畅，前期需要做如下准备工作：

（1）确认裁剪好的各裁片及辅料（拉链，腰衬，粘合衬，裤钩）；

（2）确认面料的正反面及粘合衬的胶粒面；

（3）调节锁边机及缝纫机的缝线松紧和针迹大小；

（4）调节熨斗温度。

2. 贴粘合衬，将侧缝、后中心线锁缝，如图 3-1 所示。

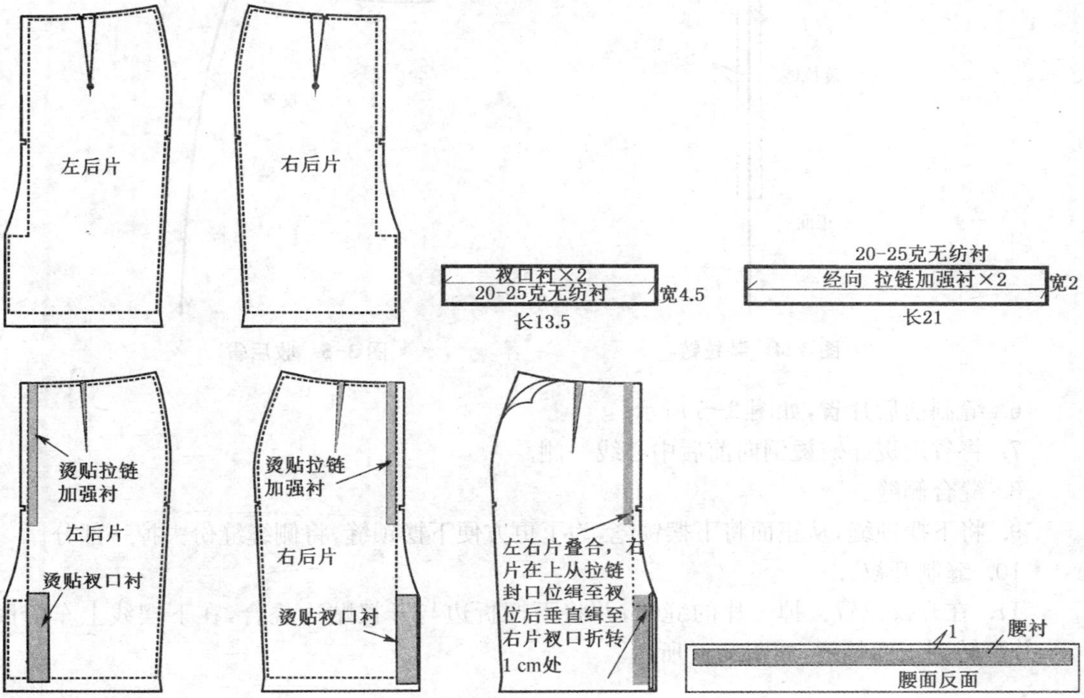

图 3-1　粘衬，锁缝

3. 缝合后中心线，在左后片贴边折转处打剪口，如图 3-2 所示。

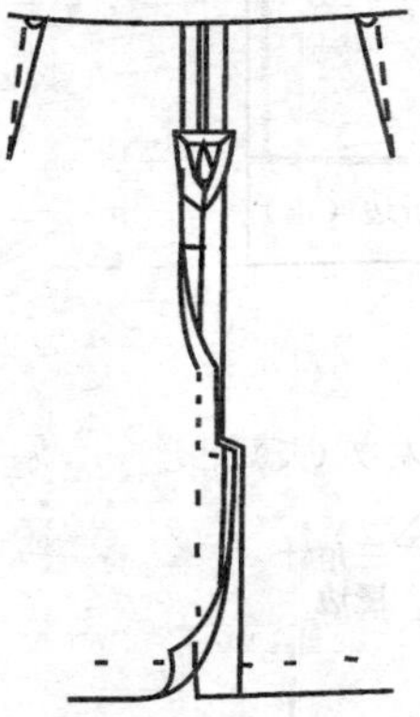

图 3-2　缝合后中心线

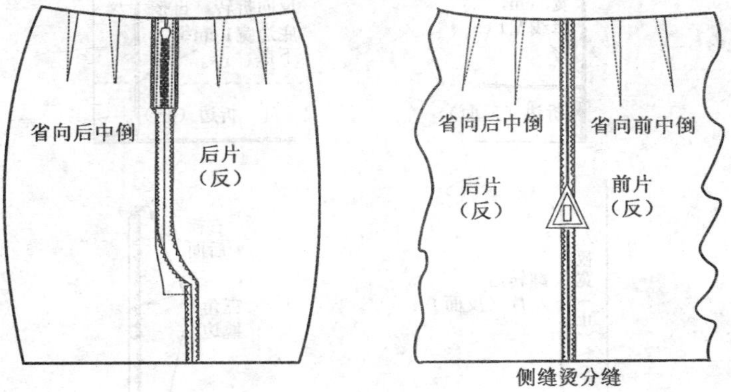

图 3-3　分烫

4. 用熨斗分烫后中心缝份，制作开衩，如图 3-3 所示。

5. 安装拉链，如图 3-4 所示。

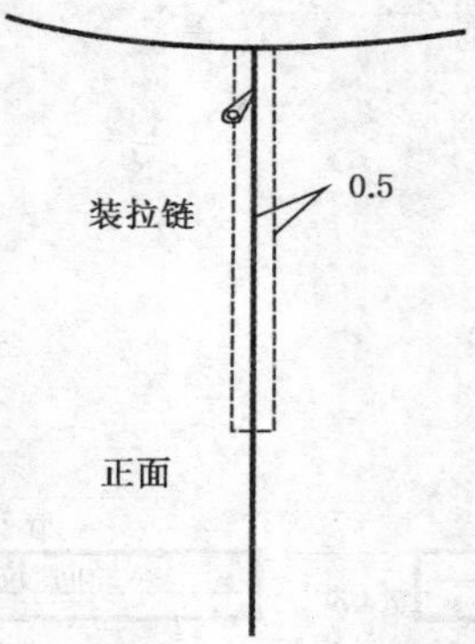

图 3-4　装拉链

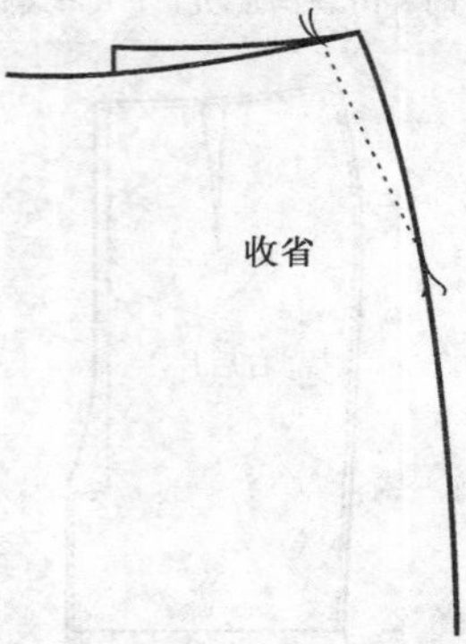

图 3-5　收后省

6. 缝制前后片省，如图 3-5 所示。

7. 将省用熨斗熨烫倒向前后中心线一侧。

8. 缝合侧缝。

9. 将下摆锁缝，从正面将下摆锁缝，为了更方便下摆锁缝，将侧缝缝份去掉一部分。

10. 缝制开衩。

11. 在开衩位置去掉一片的缝缝，并将下摆折边与开衩贴边叠合，在下摆线上车缝固定，并翻转到正面整烫，如图 3-6 所示。

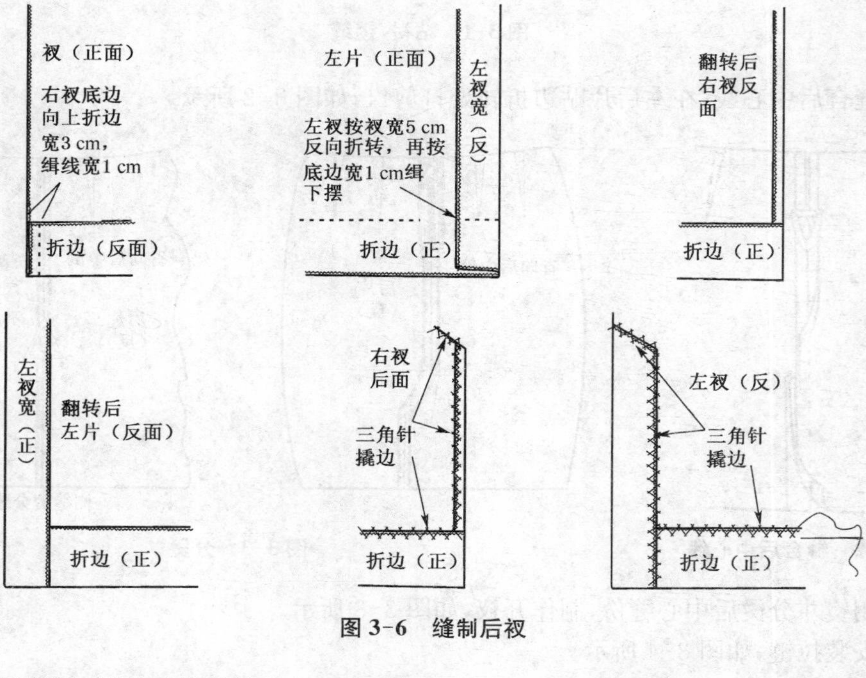

图 3-6　缝制后衩

12. 缲缝裙下摆，在锁缝线内 0.5 cm 位置将折边与裙片缲缝。

13. 在腰围线上 0.1 cm 处车缝(预留腰衬的厚度)缝合腰头两端。缲缝腰头里，正面缉明线，0.5 cm 车缝明线，折转腰里缝缝后手工缲缝，再从正面车缝，如图 3-7 所示。

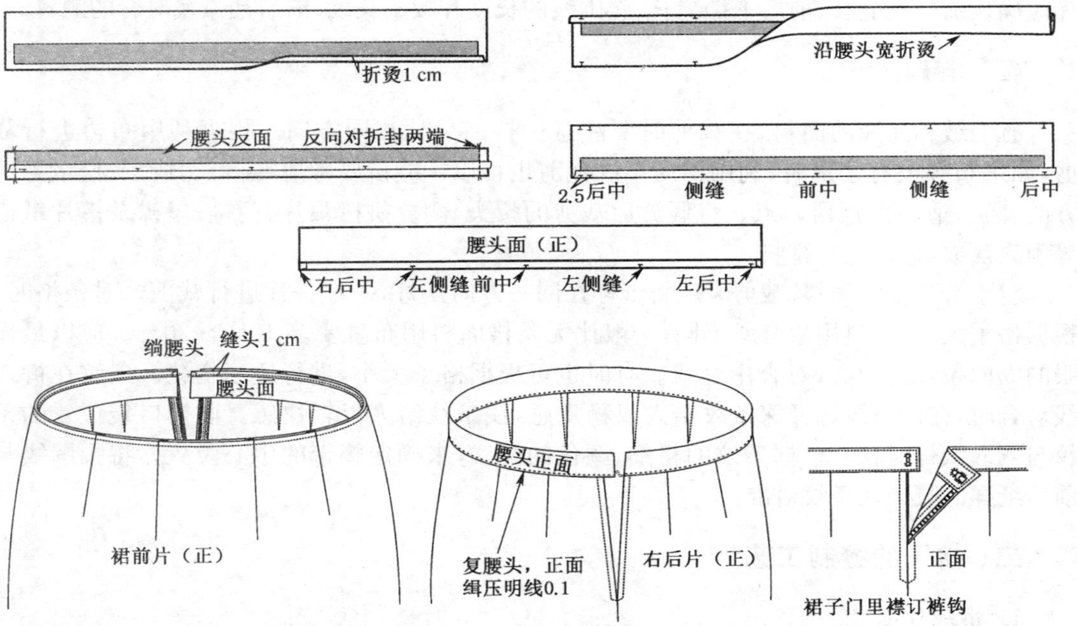

图 3-7　缝制腰头

14. 成品整烫，如图 3-8 所示。

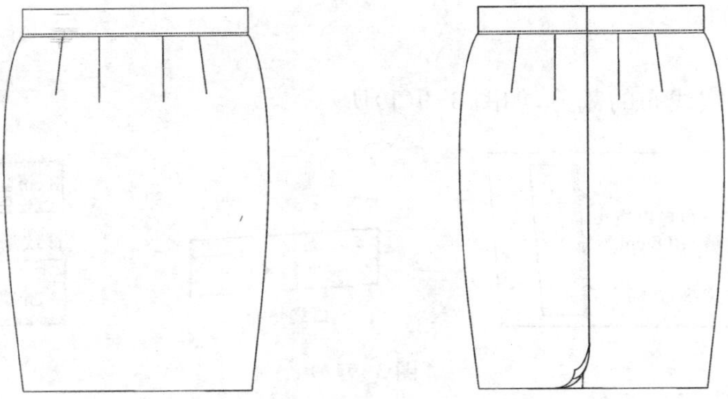

图 3-8　熨烫后效果

第二节　男式西裤制作

一、排料裁剪

（一）纸样制作

为了记录补正，应保留原来制图线，用另一张纸拷贝轮廓线作为纸样（参考裙的方法）。在纸样上应有必要的名称、布纹方向、对位记号、口袋位置、中缝线、缝合止点等。复制的纸样应确认前后侧缝长、前后下裆缝长、腰围线的长度和腰头长度、前后裆弧线对合的顺直。

（二）排料裁剪

有毛绒和光泽的面料，在裁剪时要注意保持前后片相同方向。腰头利用布边进行裁剪，如果布幅没有余量时，利用横向布纹裁剪也可以。缝份要考虑在裤长、造型、松量等地方的补正，适当多预留一点。将假缝后裁剪的腰头、侧缝拼接裁片、门襟、里襟及裤片纸样等预先摆放，进行适当排料。

对于有条格的面料，裁剪时应将纸样在同一方向摆好，一片一片进行裁剪。对条格时，根据格子大小，面料用量有所不同，一般比无条格面料用布量要多10%～20%。应以最显眼的纵向条纹为中心，对合中缝线。有时也可根据格子大小，进行适当变化。条纹在裤口线对合时，在裤口线选择深条纹给人以稳重感，浅条纹给人以轻快感。前裤口袋位置的条纹与侧缝纸样对合。根据条纹的粗细、颜色的深浅，来确定腰带的中心位置。将腰围线与前后纸样的腰围线条纹对准。

二、裤子的缝制工艺

1. 将裁片锁缝。

2. 门里襟贴粘合衬。

3. 缝里襟。

4. 做侧缝口袋。把侧缝口袋合在袋布上，无衬里时布袋缝缝翻到里面，有衬里时布袋缝缝不用翻到里面。

5. 做裤后袋。

(1) 口袋布、嵌线布的裁剪，如图3-9(1)所示。

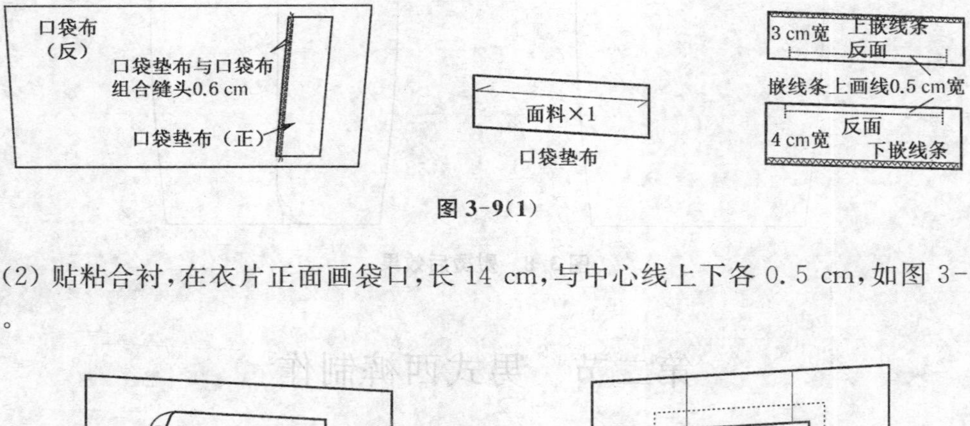

图3-9(1)

(2) 贴粘合衬，在衣片正面画袋口，长14 cm，与中心线上下各0.5 cm，如图3-9(2)所示。

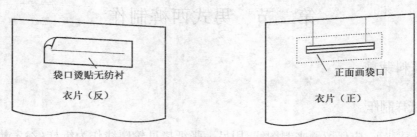

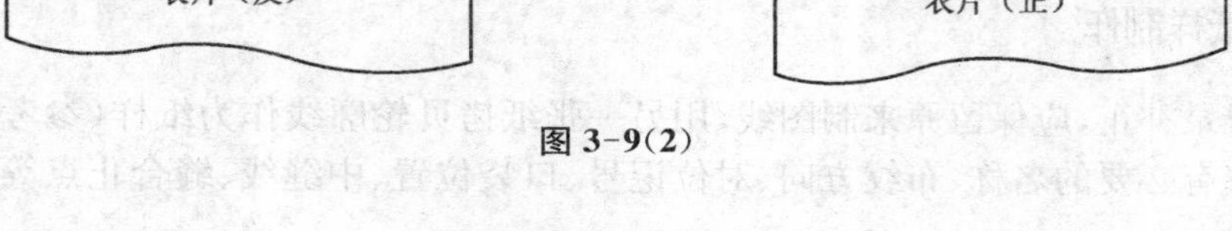

图3-9(2)

(3) 将袋布反面与后裤片用手工针固定，如图 3-9(3)所示。

(4) 将下嵌线条贴在衣片正面，下嵌线条上的画线与衣片袋口下边缘线对准，下嵌线条缉线 0.5 cm。将上嵌线条贴在衣片正面，上嵌线条上的画线与衣片袋口上边缘线对准，上嵌线条缉线 0.5 cm，如图 3-9(4)所示。

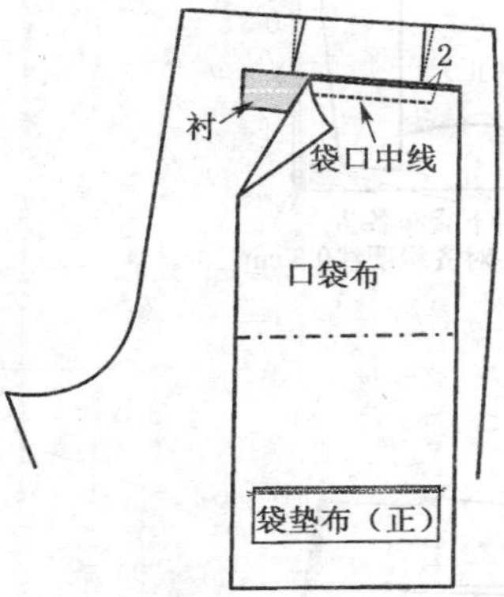

图 3-9(3)

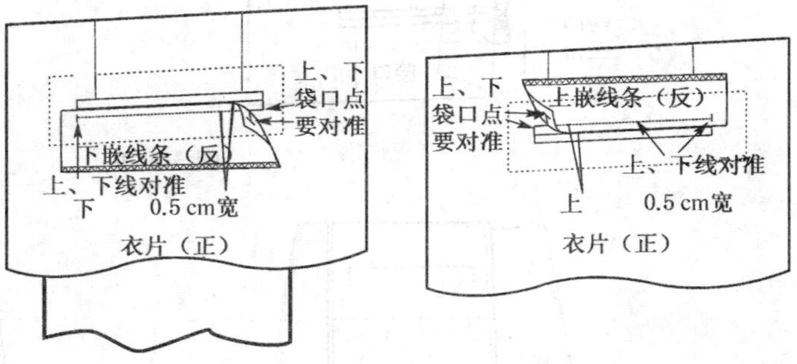

图 3-9(4)

(5) 在衣片反面，沿着袋口中间剪开，两头剪三角，如图 3-9(5)所示。

(6) 将上、下嵌线条翻至衣片反面，熨烫平服，如图 3-9(6)所示。

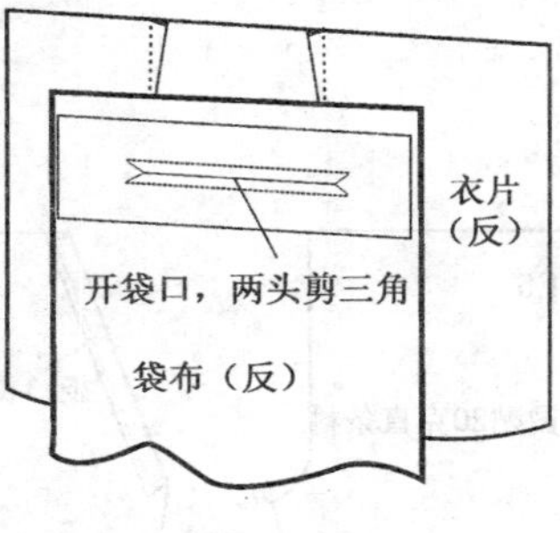

图 3-9(5)

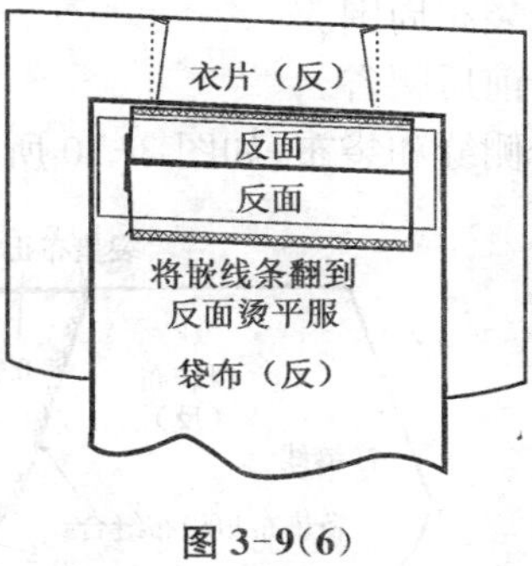

图 3-9(6)

(7) 在衣片反面，上口袋布与下嵌线条缝头缝合，如图 3-9(7)所示。

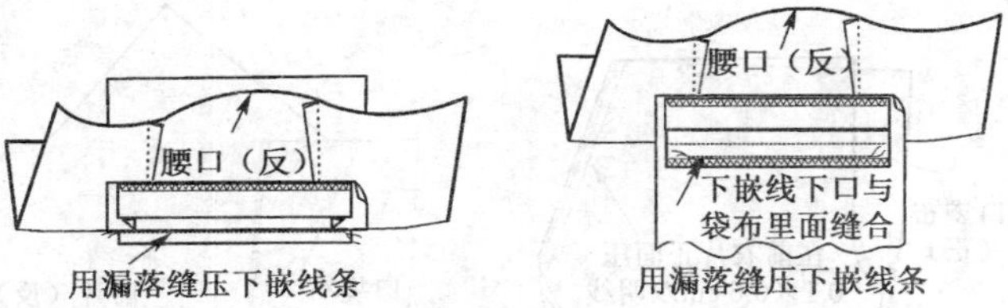

图 3-9(7)

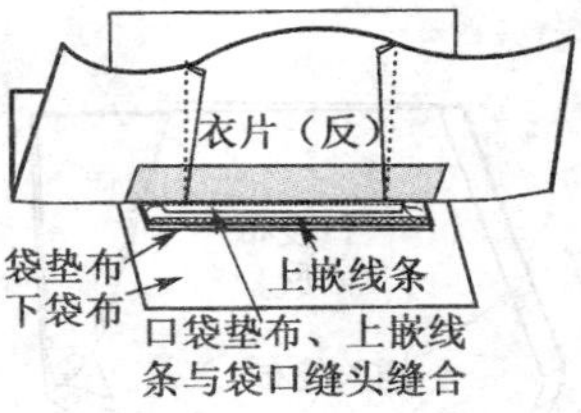

图 3-9(8)

(8) 整理好袋口嵌线并手工固定，如图 3-9(8)所示。

(9) 将上、下袋布对齐，封两头三角。上、下袋布对齐，缉压 1 cm 明线，在衣片正面，沿袋口外围缉压 0.3 cm 明线，如图 3-9(9)所示。

(10) 将袋口布翻到里面用熨斗整烫，如图 3-9(10)所示。

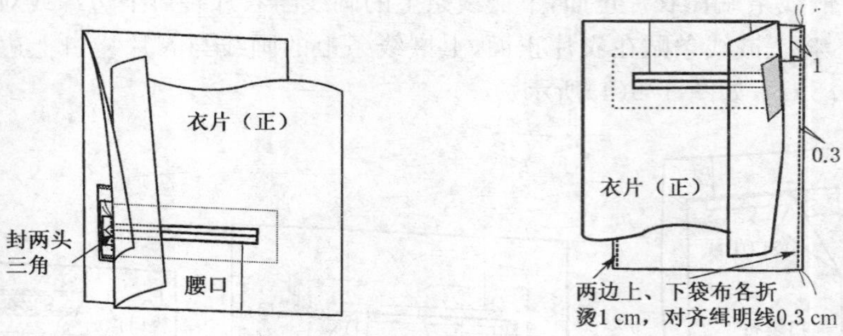

图 3-9(9)

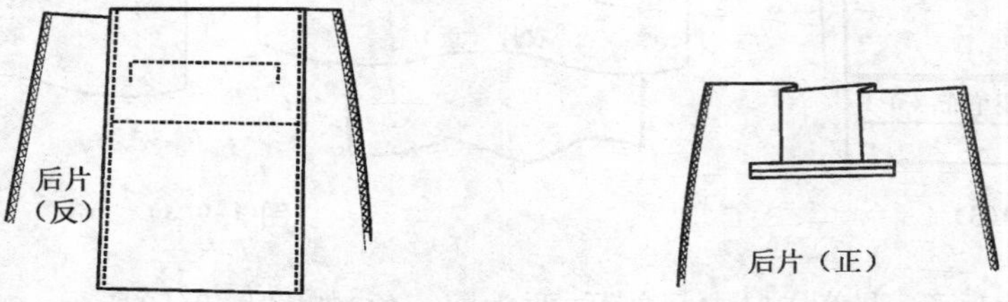

图 3-9(10)

6. 缝合袋布周围。

7. 缝合前后腰省。

8. 缝合侧缝和袋布，如图 3-10 所示。

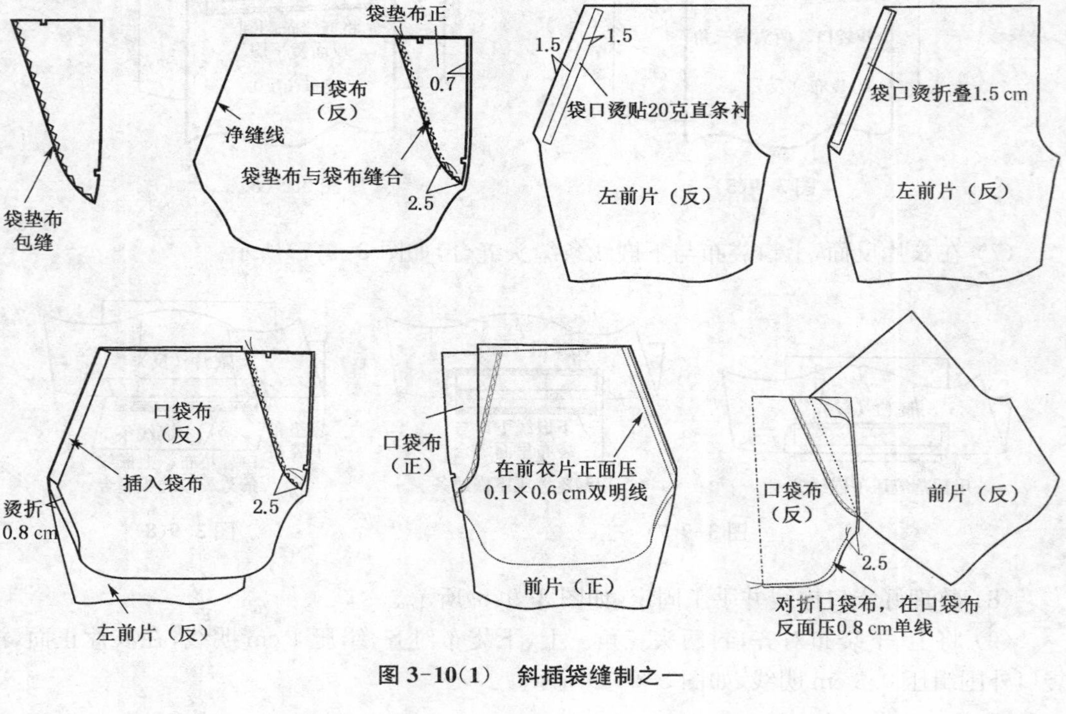

图 3-10(1)　斜插袋缝制之一

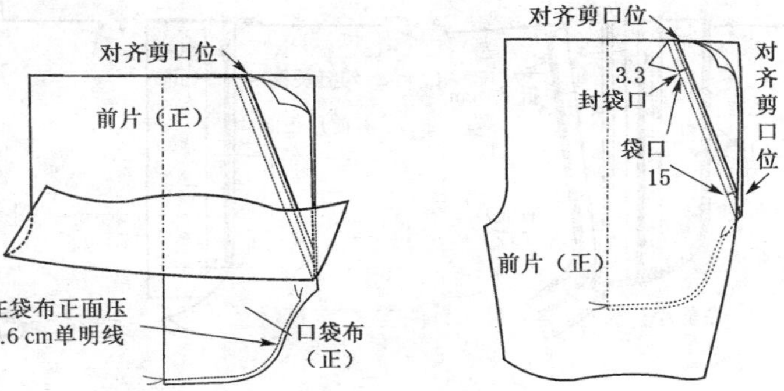

图 3-10(2)　斜插袋缝制之二

9. 缝合下裆缝，缲缝裤脚，如图 3-11 所示。
10. 整烫中缝线。
11. 安装门里襟。
12. 缝合前后裆弧线，如图 3-12 所示。

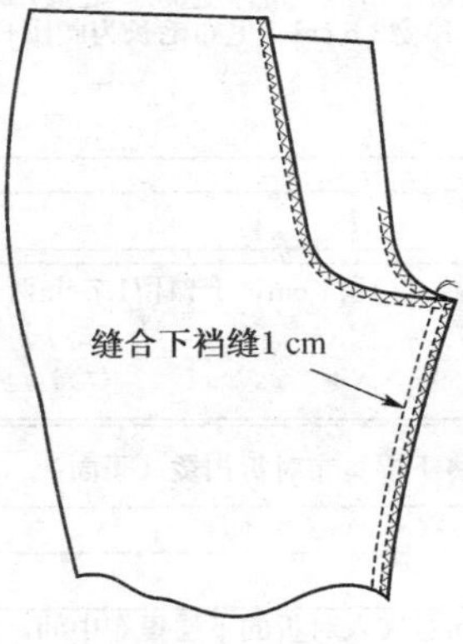

图 3-11　缝合裆缝

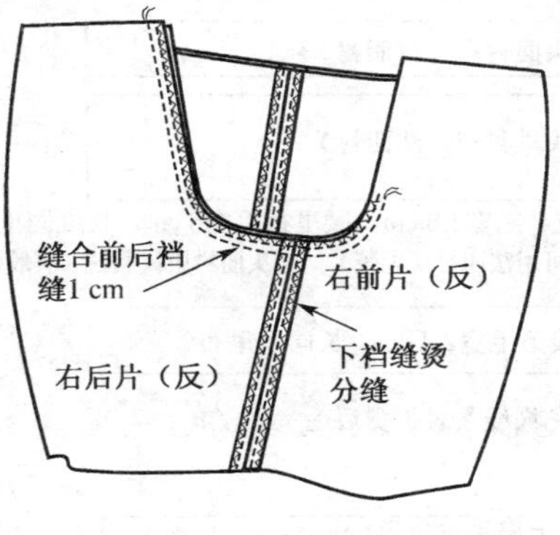

图 3-12　缝合前后裆弧线

13. 安装拉链，如图 3-13 所示。

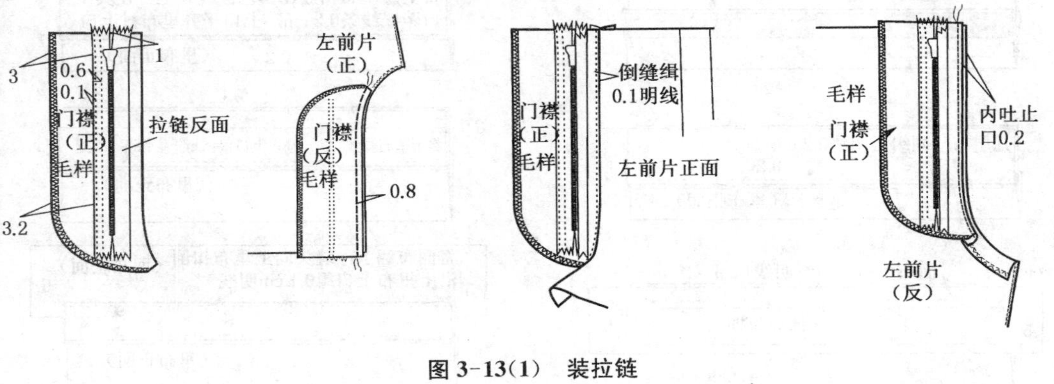

图 3-13(1)　装拉链

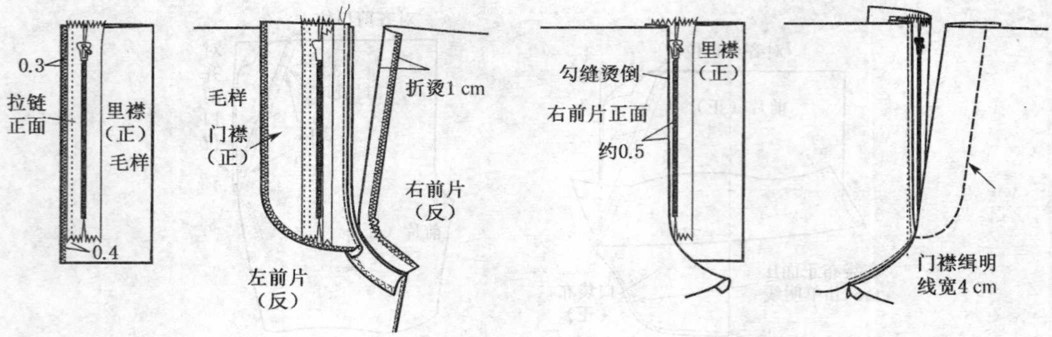
0.3
拉链
正面
里襟
（正）
毛样
0.4
毛样
门襟
（正）
折烫1 cm
右前片
（反）
左前片
（反）
勾缝烫倒
里襟
（正）
右前片正面
约0.5
门襟缉明
线宽4 cm

图 3-13(2)　装拉链

14. 安装腰头，绱蚂蟥襻，钉裤钩或是锁扣眼钉扣，如图 3-14 所示。

15. 成品整烫，如图 3-15 所示。

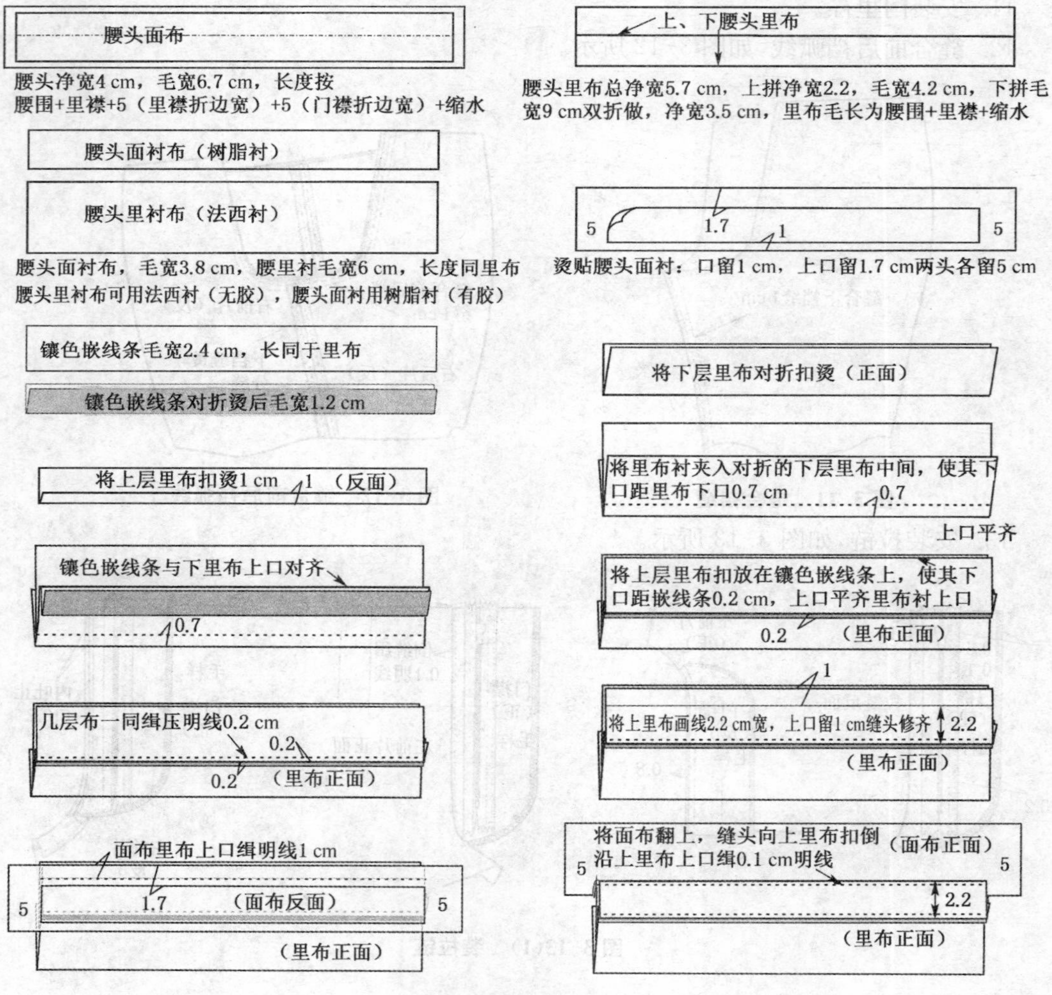
腰头面布
腰头净宽4 cm，毛宽6.7 cm，长度按
腰围+里襟+5（里襟折边宽）+5（门襟折边宽）+缩水
上、下腰头里布
腰头里布总净宽5.7 cm，上拼净宽2.2，毛宽4.2 cm，下拼毛宽9 cm双折做，净宽3.5 cm，里布毛长为腰围+里襟+缩水
腰头面衬布（树脂衬）
腰头里衬布（法西衬）
腰头面衬布，毛宽3.8 cm，腰里衬毛宽6 cm，长度同里布
腰头里衬布可用法西衬（无胶），腰头面衬用树脂衬（有胶）
5
1.7
1
5
烫贴腰头面衬：口留1 cm，上口留1.7 cm两头各留5 cm
镶色嵌线条毛宽2.4 cm，长同于里布
镶色嵌线条对折烫后毛宽1.2 cm
将下层里布对折扣烫（正面）
将上层里布扣烫1 cm　1　（反面）
将里布衬夹入对折的下层里布中间，使其下口距里布下口0.7 cm　0.7
上口平齐
镶色嵌线条与下里布上口对齐
0.7
将上层里布扣放在镶色嵌线条上，使其下口距嵌线条0.2 cm，上口平齐里布衬上口
0.2　（里布正面）
几层布一同缉压明线0.2 cm
0.2
0.2　（里布正面）
1
将上里布画线2.2 cm宽，上口留1 cm缝头修齐　2.2
（里布正面）
面布里布上口缉明线1 cm
5　1.7　（面布反面）　5
（里布正面）
将面布翻上，缝头向上里布扣倒　（面布正面）
沿上里布上口缉0.1 cm明线
5　5
2.2
（里布正面）

图 3-14(1)　装腰头

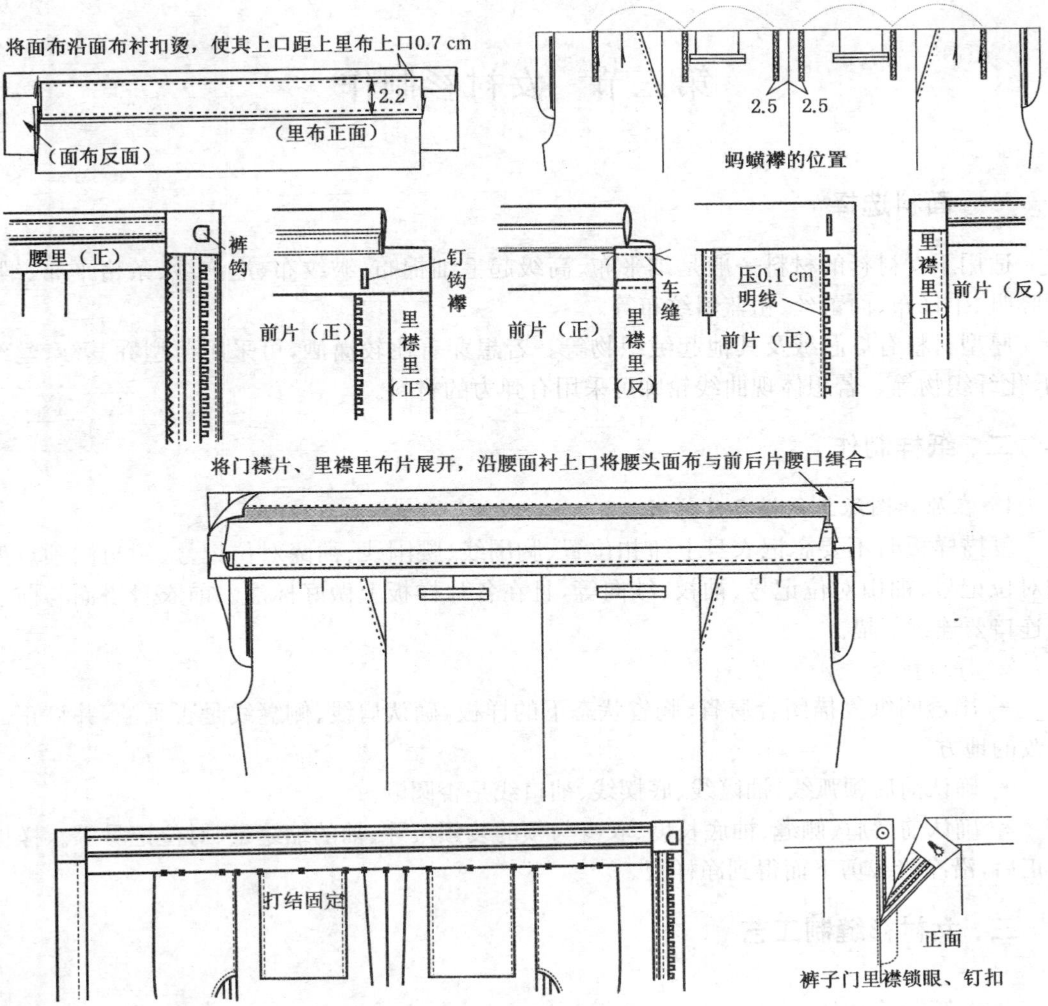

图 3-14(2)　装腰头

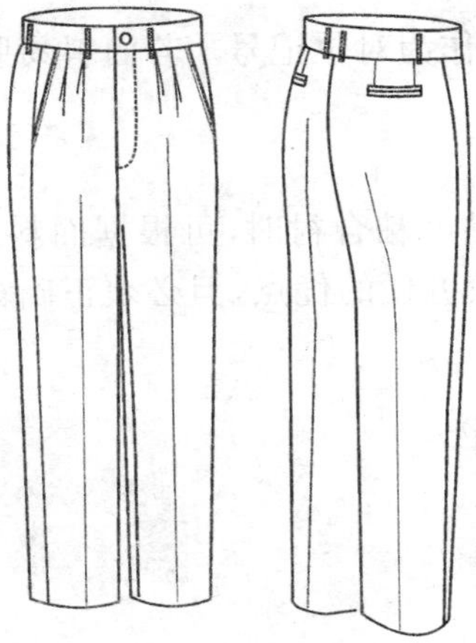

图 3-15　熨烫后效果

第三节　女衬衫制作

一、面料选择

适用于女衬衫的材料一般是细平布、高级起毛细棉布、皱纹布、泡泡纱、条格平布、缎、棉哔叽、牛仔布、面蕾丝、粗蓝斜纹布等。

厚型材料有灯芯绒及其他起绒织物等。若想穿着比较潇洒，可采用薄型乔其纱、丝织物、化纤织物等。若想体现曲线轮廓可采用有弹力的材料。

二、纸样制作

1. 在原始图纸上复描各片样板

复描样板时不要忘记衣身上纽扣位置、胸围线、腰围线、袖窿对位记号、领与侧颈点处的对位记号、袖山对位记号、袖衩、纱向等，且在各片样板上做好标注。前衣身褂面与前衣身连口要连续复描。

2. 样板检查

* 用透明纸复描闭合肩省、胸省状态下的样板，确认肩线、侧缝线是否画顺，并订正需修改的地方。

* 确认前后领弧线、袖窿线、底摆线、袖口线是否圆顺。

* 确认前后肩、侧缝、袖底长度、衣身与领的装领尺寸、袖的缩缝量、对位记号等。样板修正后，沿净缝线剪下而得到净样板。

三、女衬衫缝制工艺

（一）缝制前准备

1. 对位记号

若样板带缝缝，可加入剪口作为对位记号。若面料易脱纱或剪口不易辨认时，可打线钉或加入缝印。

2. 粘合衬的裁剪与粘贴

粘合衬应与面料同纱向。粘贴粘合衬时，可根据面料及使用的粘合衬来选择净缝粘衬，若粘衬贴至毛缝，则有车缝较方便的优点，但必须正确裁剪裁片，故选择易裁剪的粘合衬是很关键的，如图 3-16 所示。

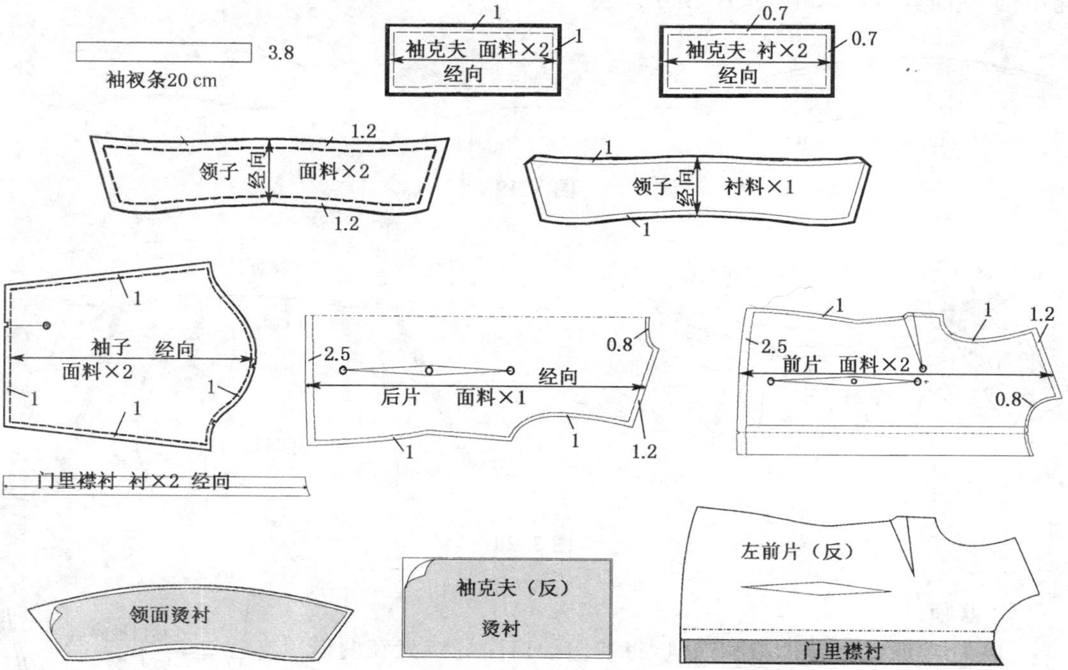

图 3-16 缝制前准备

（二）缝制

1. 缝合省缝(如图 3-17 所示)

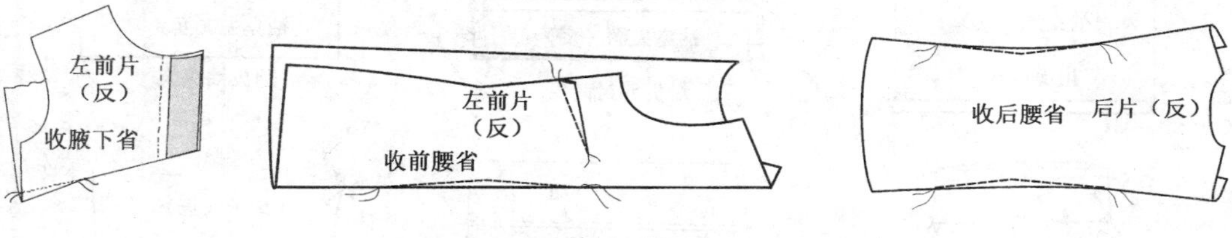

图 3-17

2. 缝合肩缝、侧缝、挂面、袖底缝缝等

缝合肩缝时,缝过净缝线 0.5 cm,缝始点与缝止点要打来回针,如图 3-18 所示。

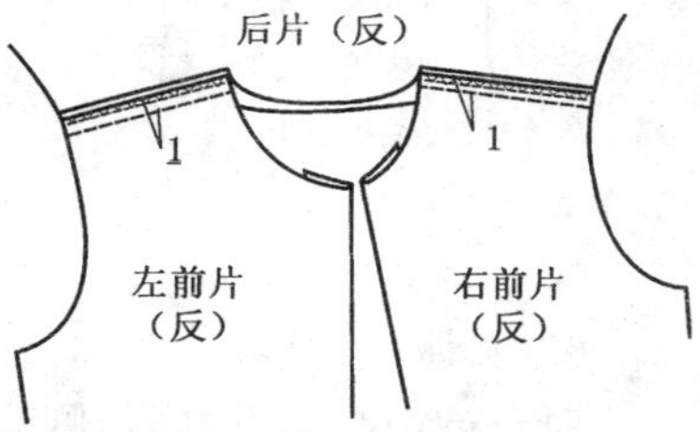

图 3-18

3. 做领

对合对位记号与裁片边缘,并用大头针固定,沿领面的净缝线位置衍缝;整理领角时使用镊子尖头折叠领尖缝缝,用手指压住领角翻转至正面,如图 3-19 所示。

4. 装领

领面向上叠在衣片上,对合装领止点(前中心)、对位记号后衍缝,然后车缝;折叠褂面肩缝,沿前中心折叠褂面使褂面与衣身正面相对,对合对位记号,沿车缝过的装领线再车缝,缝至领面剪口处,如图 3-20 所示。

图 3-19

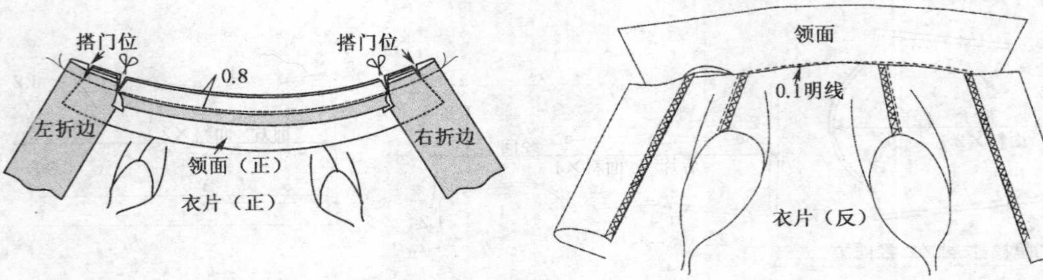

图 3-20

5. 做袖

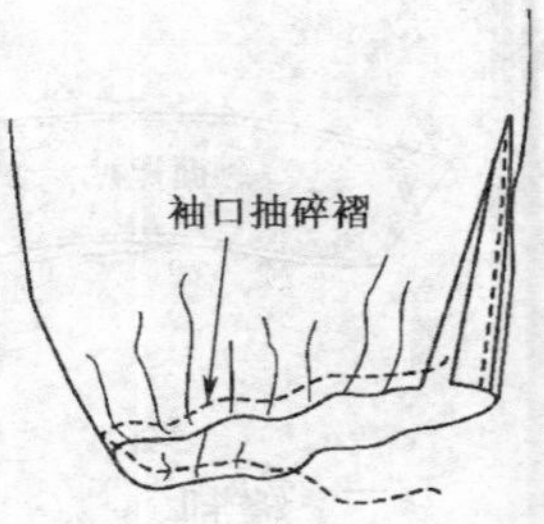

图 3-21

(1) 用单股线衍缝袖山和袖口,将袖山袖口净缝线夹在两道单股衍缝线中间,可抽缩出漂亮的细褶。抽缩至需要尺寸,用熨斗压烫缝缝,使细褶稳定,如图 3-21 所示。

(2) 翻折袖克夫里缝缝压烫平整,袖克夫正面相对,车缝两端并翻转,整烫后在正面缉 0.1 cm 明线,如图 3-22 所示。

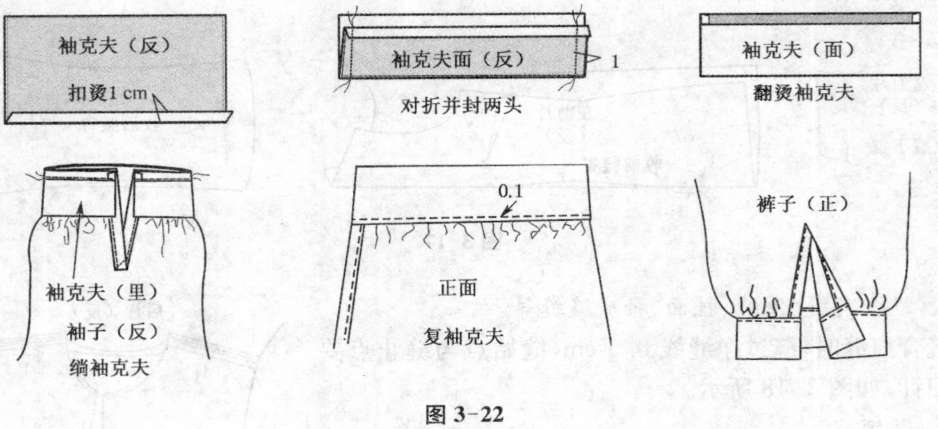

图 3-22

6. 装袖,做下摆

对合袖山与肩、袖底与侧缝、前后对位记号后假缝,确认袖子高低情况以及缩缝量分配是否合理,确认好后车缝,如图 3-23 所示。

7. 锁纽扣眼

使用锁眼机锁扣眼时针距一定要细密,缝始点与缝止点要稍许重叠车缝一段。面料纱线易脱开时,要在纽扣眼正中间处再车缝一道。锁眼时要打单头套结,如图 3-24 所示。

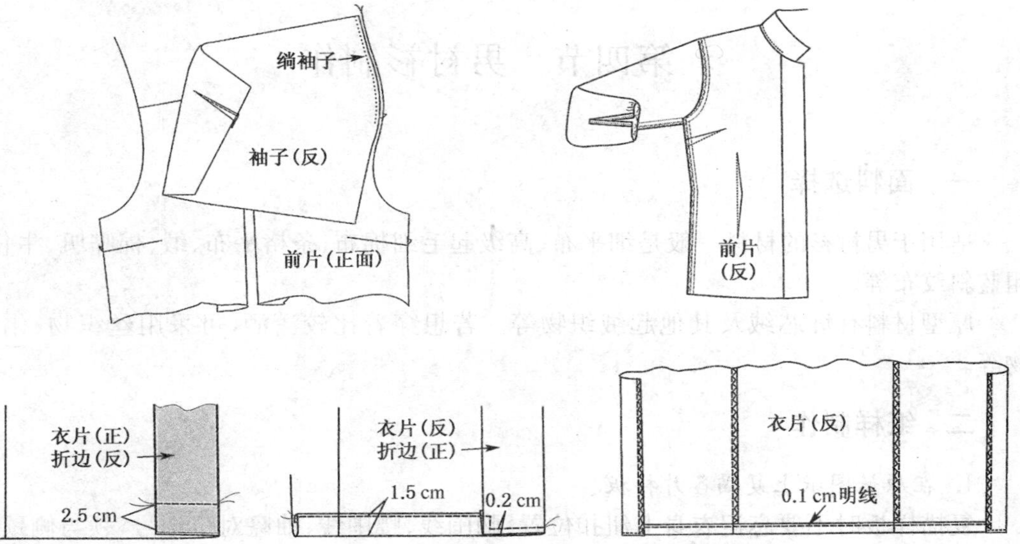

图 3-23

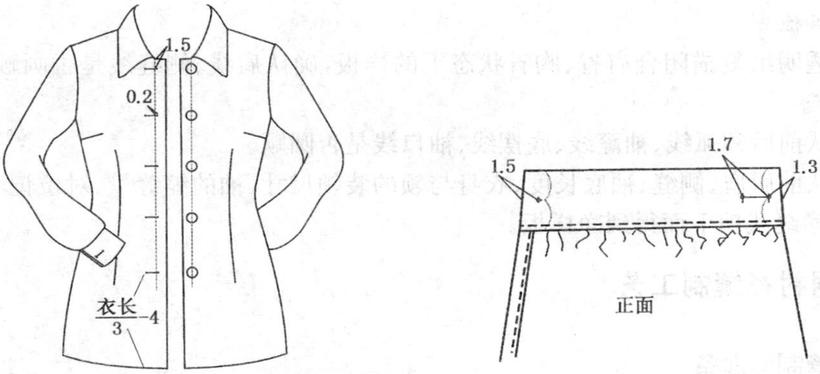

图 3-24

8. 整烫。

成品整烫后效果如图 3-25 所示。

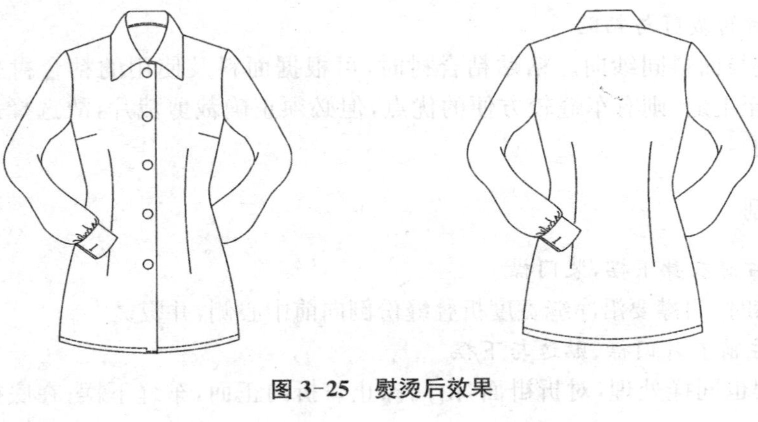

图 3-25　熨烫后效果

第四节　男衬衫制作

一、面料选择

适用于男衬衫的材料一般是细平布、高级起毛细棉布、条格平布、缎、棉哔叽、牛仔布、粗蓝斜纹布等。

厚型材料有灯芯绒及其他起绒织物等。若想穿着比较潇洒，可采用丝织物、化纤织物等。

二、纸样制作

1. 在原始图纸上复描各片样板

复描样板时不要忘记衣身上纽扣位置、胸围线、腰围线、袖窿对位记号、领与侧颈点处的对位记号、袖山对位记号、袖衩、纱向等，且在各片样板上做好标注。前衣身褂面与前衣身连口要连续复描。

2. 样板检查

* 用透明纸复描闭合肩省、胸省状态下的样板，确认肩线、侧缝线是否画顺，并订正需修改的地方。

* 确认前后领弧线、袖窿线、底摆线、袖口线是否圆顺。

* 确认前后肩、侧缝、袖底长度、衣身与领的装领尺寸、袖的缩缝量、对位记号等。样板修正后，沿净缝线剪下而得到净样板。

三、男衬衫缝制工艺

（一）缝制前准备

1. 对位记号（打剪口）

若样板带缝缝，可加入剪口作为对位记号。若面料易脱纱或剪口不易辨认时，可打线钉或加入缝印。

2. 粘合衬的裁剪与粘贴

粘合衬应与面料同纱向。粘贴粘合衬时，可根据面料及使用的粘合衬来选择净缝粘衬，若粘衬贴至毛缝，则有车缝较方便的优点，但必须正确裁剪裁片，故选择易裁剪的粘合衬是很关键的。

（二）缝制

1. 处理右前衣身下摆，装门襟

在装门襟时，门襟要沿净缝宽度折叠缝份倒向前中心侧，并熨烫。

2. 处理左前衣片门襟、贴边与下摆

后片下摆也同样处理，对折褂面，由门襟止口折向正面，车缝下摆；在底摆缝缝门襟止口位置处加入剪口，三折下摆缝并车缝，如图 3-26 所示。

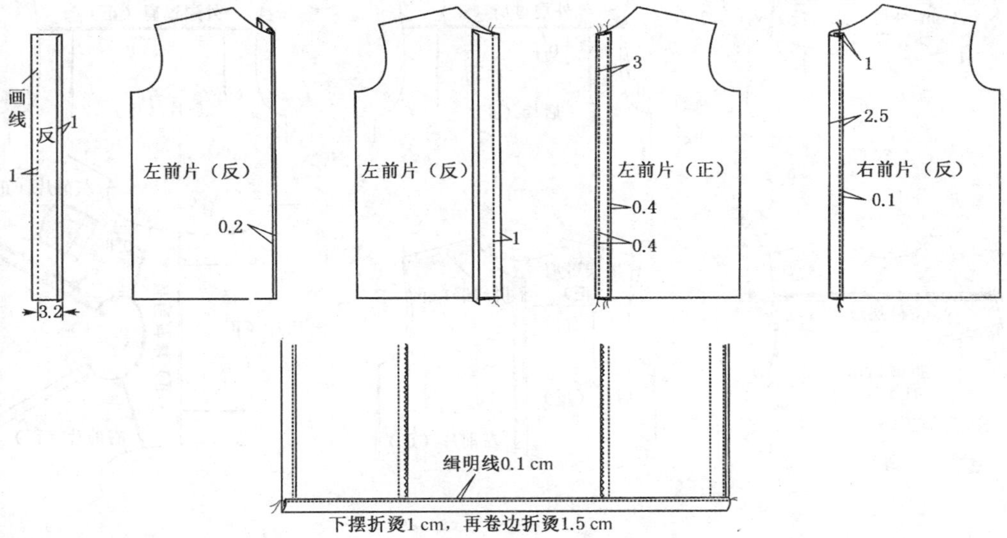

图 3-26

3. 装口袋

装口袋时，放置在布馒头上进行熨烫，固定口袋形状，如图 3-27 所示。

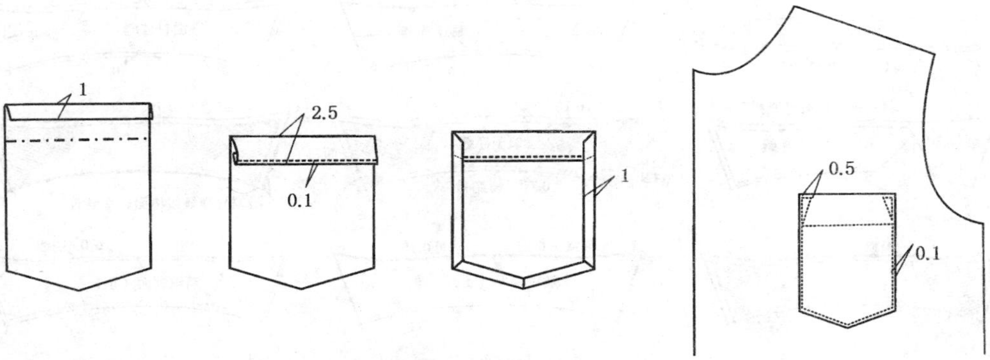

图 3-27

4. 装育克

用育克面和育克里夹住后衣身后车缝，如图 3-28 所示。

5. 做领

翻领面和翻领里正面相对后车缝；再沿车缝线边缘折叠；沿领座上口放置翻领，对合对位记号，用大头针固定，然后再与领座里正面相对叠合后衍缝。再将领座面翻至正面，为使翻领面与翻领里面一起缝合，熨斗整烫，并沿翻领面侧缉明线，为了避免领座有坐势生成，故在熨烫时要拉起翻领，熨烫后拆开领座前端的车缝线，如图 3-29 所示。

6. 装领

领座里子与衣身缝合，沿领面侧缉明线，在衣身领围缝缝上加入 0.3～0.4 cm 的剪口所示。

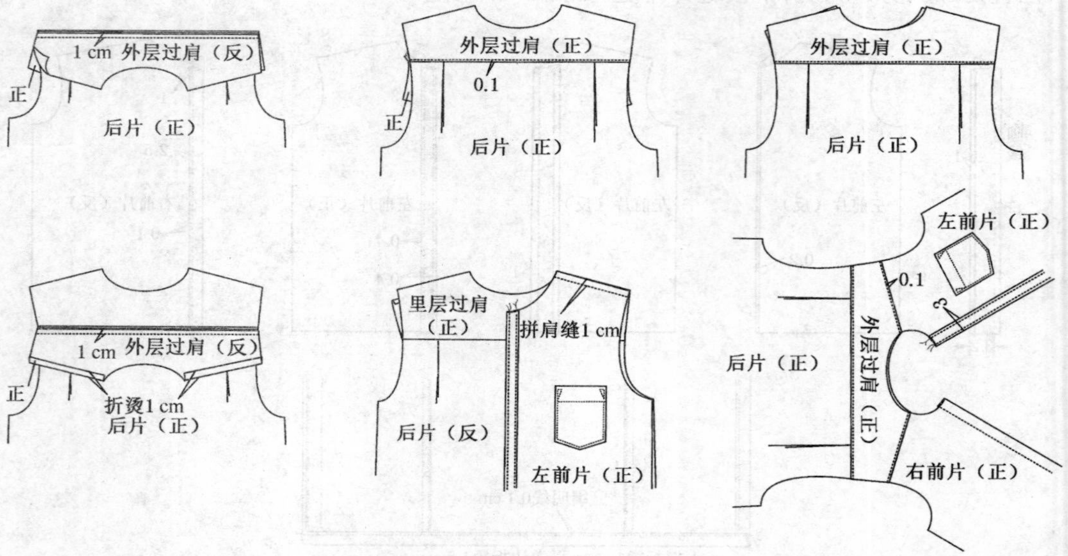

图 3-28

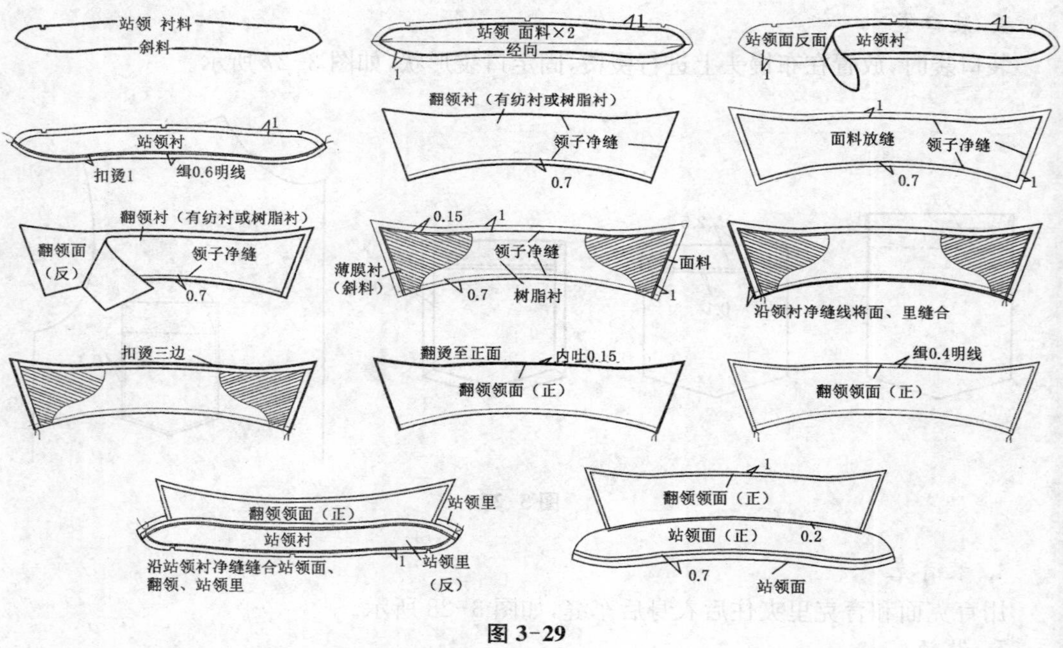

图 3-29

（曲度较大的与领座贴合困难），对合对位记号并用大头针固定，然后衍缝，如图 3-30 所示。

7. 做袖衩

袖衩里襟缝缝上烫衬，夹住里襟一侧袖衩开口处的裁片并熨烫车缝；袖衩门襟缝缝上烫衬，夹住门襟一侧的裁片后熨烫整理，并车缝，如图 3-31 所示。

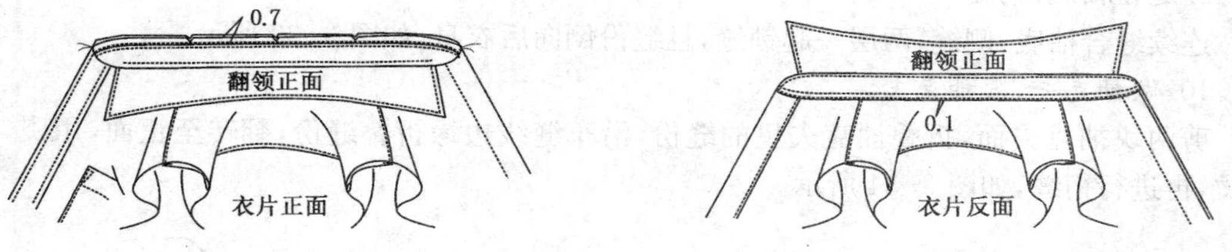

图 3-30

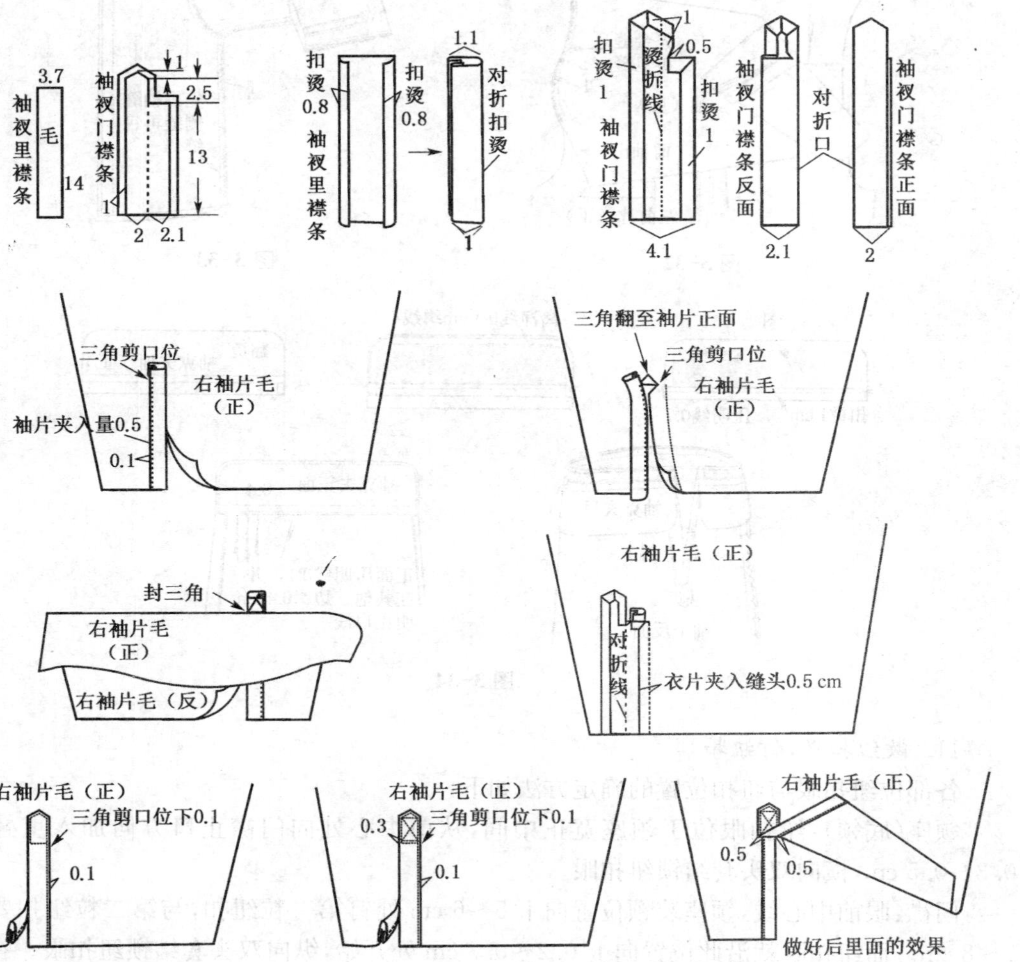

图 3-31

8. 装袖

在衣身缝缝上浅浅切入剪口，对合对位记号并用大头针固定后衔缝，育克里（正面）与后（反面）两层一起锁缝，且缝缝倒向衣身，车缝至净缝线，折叠袖口折裥，车缝固定，如图 3-32 所示。

9. 缝合袖底，侧缝

连续缝合袖底，侧缝，两层一起锁缝，且缝份倒向后衣身，如图 3-33 所示。

10. 做袖克夫，装袖克夫

剪两块袖克夫面，折叠袖克夫里的缝份，沿车缝线边缘折叠缝份，翻转至正面，用熨斗整烫，再进行衍缝，如图 3-34 所示。

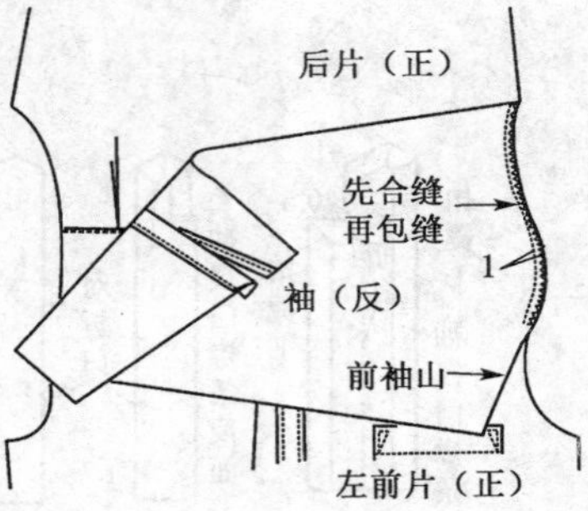

图 3-32

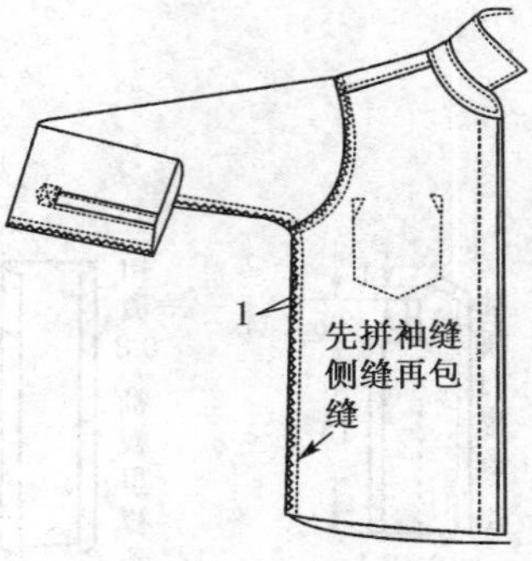

图 3-33

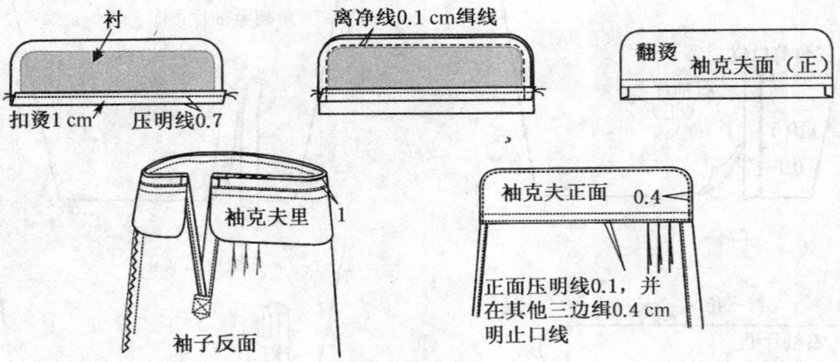

图 3-34

11. 做纽扣眼，钉纽扣

各部位纽扣眼与纽扣位置的确定方法如下：

领座(底领)：纽扣眼位于领座宽正中间，从前中心处向门襟止口方向加入重叠松量 0.3～0.5 cm，横向双头套结锁纽扣眼。

门襟：眼前中心线，领座装领位置向下 5～6 cm 处钉第一粒纽扣，与第二粒纽扣要间隔 7～8 cm。而纽扣眼就沿此位置向上 0.2～0.3 cm 处开始，纵向双头套结锁纽扣眼。在定第一粒纽扣位置时也要考虑到不扣第一粒纽扣穿着时的情况，如图 3-35 所示。

袖克夫：根据袖克夫宽度，以及袖衩门襟的长度来决定纽扣的位置。袖克夫宽度较窄时钉一粒纽扣，较宽时钉两粒纽扣。

第一个纽扣眼位置距装袖克夫位置 1.2～1.5 cm，第二个纽扣位置根据袖克夫的宽度处于 2～2.5 cm 处，袖克夫会比较稳定，如图 3-36 所示。

袖衩门襟也有不钉纽扣的。

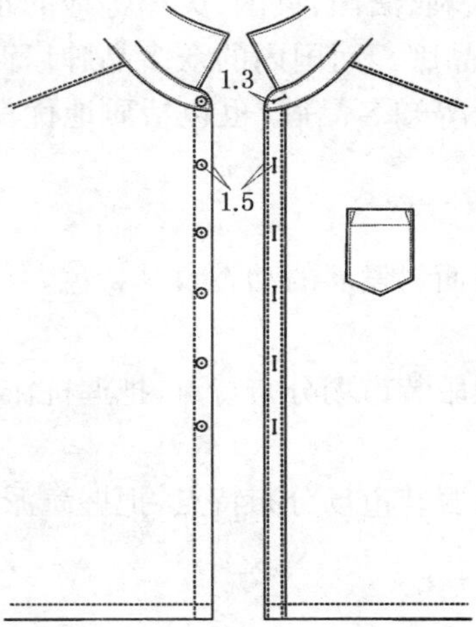

图 3-35

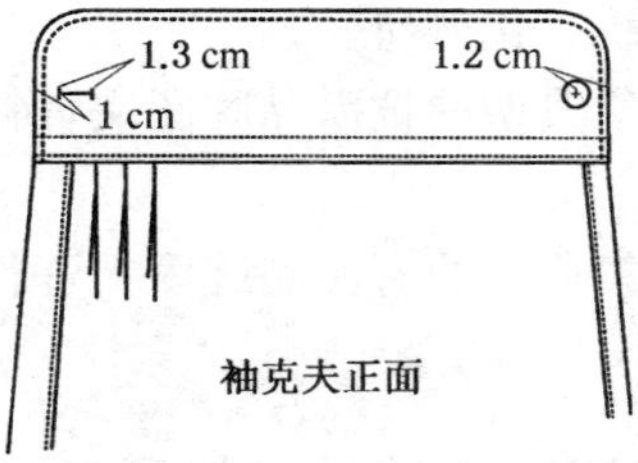

图 3-36

12. 成品整烫

成品整烫后效果如图 3-37 所示。

图 3-37　熨烫后效果

第五节　服装市场调研

一、课程实习内容的选择

1. 课程实习内容选择的依据

经过多年的实践，浙江省服装行业实施品牌战略已经形成了企业为主、政府推动、协会助动的良好局面。浙江省服装行业积极响应浙江省委、省政府《关于推进“品牌大省”建设的若干意见》的战略要求，全行业品牌建设又迈上了一个新台阶。目前，实施品牌战略已成为行业的共识，品牌战略的推进，为浙江省服装行业转变增长方式，实现又好又快发展奠定了基础。

在战略上，上海服装城立足于精品高端，实施差异化经营，以满足不同消费者和品牌厂商的需求。在国际品牌的选择方面,不仅包括意大利、法国、英国、美国等地的顶级品牌,还涵盖了日本、韩国以及中国香港、台湾等地的流行品牌。而国内的众多品牌厂商,也通过上海服装城的平台争创一流,其中既包括杉杉、罗蒙等知名品牌,也包括质地优良的二、三线品牌。

2. 课程实习内容的安排

(1) 考察中国第二大服装面料市场,了解服装面料发展的动态及其特色。

(2) 传统文化调研。

(3) 收集典型的杭派品牌图文资料,了解杭州服装市场分布特点,把握杭派服装典型特征与品牌。

(4) 收集典型的海派品牌图文资料,了解上海服装市场分布特点,把握海派服装典型特征与品牌。

二、课程实习的目的与要求

通过对上海、杭州、绍兴等地品牌服装及面料市场的实地调研,了解海派、杭派典型的服装品牌,了解服装面料发展的最新动态,深刻领悟各派品牌设计独特的文化内涵和最新服装材料在服装设计中的作用与影响,为今后的时装设计及服装品牌策划打下良好的基础。

三、课程实习的实施

1. 实习教育与动员

为了圆满地完成实习教学的各项任务,保障师生的安全,依据《中华人民共和国教育法》《中华人民共和国高等教育法》《普通高等学校学生管理规定》《学校伤害事故处理办法》以及其他有关法律、法规,对学生进行实习教育,并签订安全协议书。

2. 实习过程实施

服装市场调研实习过程的实施如下:

日　期	地　点	内　容
*月*日	柯桥面料市场	考察中国第二大服装面料市场,了解服装面料发展的动态及其特色
*月*日	绍兴鲁迅纪念馆 兰亭景区	传统文化调研
*月*日	杭州四季青服装市场 杭州丝绸博物馆 银泰商厦	收集典型的杭派品牌图文资料 了解杭州服装市场分布特点 把握杭派服装典型特征与品牌
*月*日	七蒲路服装市场 南京路、延安路等上海服装市场 外滩市区	收集典型的海派品牌图文资料 了解上海服装市场分布特点 把握海派服装典型特征与品牌

3. 调研展览要求

(1) 围绕海派服装特点、杭派服装特点及其之间的比较展开;围绕绍兴、上海、杭州等地服装市场的分布特征展开研究，完成展板设计，要求图文并茂。

(2) 运用展示的多种表现技法，完成调研展览的布置，突出服装的品牌价值、服饰文化的内涵以及服装材料的最新咨询。

第六节　民族服饰采风

一、课程实习内容的选择

1. 课程实习内容选择的依据

云南悠久的历史，众多的民族，复杂的地形地貌和多变的气候，决定了云南民族的服装和装饰品必然绚丽多彩，蔚为大观。民族服饰是民族文化的载体，民族服饰是民族文物的一个重要门类，从不同的服饰，可以识别出不同的民族，可以了解其性别、年龄、职业、婚姻状况，从民族服饰上还可以看到各民族的节庆、婚丧、宗教信仰、礼仪等习俗，夸张一点说，一套民族服饰简直就是一个民族的缩影和小百科全书。

2. 课程实习内容的安排

(1) 带领学生考察大理的民族服饰文化。主要了解白族的服饰文化特色，由老师点评白族服饰文化的特色，学生记录、拍摄相关设计素材。自由活动期间，学生独立考察白族服饰搭配。

(2) 带领学生考察中甸的民族服饰文化。观看藏族歌舞表演，了解藏族服饰的特色。感受民族服装构成形式，积累服装设计的造型元素。

(3) 带领学生考察楚雄的民族服饰文化。游览彝族古镇，观看彝族歌舞表演，了解彝族服饰的特色，体验彝族风情。

(4) 考察昆明的少数民族文化聚落，采撷傣族、苗族、哈尼族、纳西族、独龙族等25个少数民族的服饰设计元素，用镜头记录设计元素。

(5) 考察丽江古镇，体验纳西族的传统生活方式和独有的文化。

(6) 指导学生接触、学习当地少数民族传统手工艺，了解其制作技艺。

二、课程实习的目的与要求

通过吸纳云南境内的少数民族特色及民族服饰设计元素，激发学生对传统文化的敏锐把握能力和鉴赏力；通过对传统文化的考察，深化学生对文化积淀的感触和体认。让学生在采风中，加强现代文化与传统文化、民族服饰与日常服饰及时装的辩证认识，丰富学生的专业辨析和认知能力。

三、课程实习的实施

1. 实习教育与动员

为了圆满地完成实习教学的各项任务，保障师生的安全，依据《中华人民共和国教育法》《中华人民共和国高等教育法》《普通高等学校学生管理规定》《学校伤害事故处理办法》以及其他有关法律、法规，对学生进行实习教育，并签订安全协议书。

2. 实习过程实施

民族服饰采风实习过程的实施如下：

日期	行程安排	住宿
*月*日	南京至昆明，下午乘 K155 次。	/
*月*日	火车上，沿途欣赏自然风光。	/
*月*日	K155 次抵达昆明，考察 25 个少数民族村寨，体验民族文化。	昆明
*月*日	游览大理古城，了解白族的服饰文化特色。	大理
*月*日	参观束河古镇，体验丽江纳西族服装。	丽江
*月*日	参加藏民家访，了解藏族服饰的特色。	中甸
*月*日	游览独克宗古城，体验茶马古道的历史痕迹	丽江
*月*日	考察丽江古城及少数民族文化聚落，接触当地民俗民艺。	丽江
*月*日	彝人古镇，了解彝族服饰的特色，体验彝族风情。	楚雄
*月*日	体验昆明的现代特色，乘 K156 次火车返回南京。	/
*月*日	火车上，沿途欣赏自然风光。	/
*月*日	上午抵达南京站，安排车接送学校，行程结束。	/

3. 实习报告撰写要求

(1) 实习报告应记录民族服饰的特征(设计元素、色彩、图案等)、民族风情、生活特色和着装观念的变化等内容。3 000 字左右，图文并茂，装订成册。

(2) 运用多种技法表现效果，考虑服装上的配饰、面料。附 500 字左右的设计说明，设计说明包括设计构思、廓形、结构、面料、色彩、配饰等方面。

第四章　课程设计

章节提示：课程设计是介于基本教学实验和实际科学实验之间的、具有对科学全过程进行初步训练特点的实践教学。本章以连衣裙为例，阐述了简易时装课程设计的内容；以方领女衬衫、立领女衬衫、青果领女上衣为例，讲述了成衣课程设计的内容。

第一节　简易时装课程设计——连衣裙

本课程设计主要包括了解连衣裙的基本概念、市场调研、款式设计、样板制作以及缝制工艺的编制，下面是具体内容。

一、连衣裙概述

所谓的连衣裙，顾名思义，就是指上衣和裙子连接在一起的服装。与连衣裙相对的还有上下衣成套的裙装。

第一次世界大战以前，欧洲妇女服装的主流是连衣裙。第一次世界大战以后，由于女性逐渐参加了社会工作，衣服的种类也就变得多种多样。第二次世界大战后，克里斯蒂昂·迪奥尔(Christian Dior)的"新式样""新面貌"的出现，让巴黎重新成为领导世界女装潮流的中心，也使连衣裙成为流行至今的夏季服装的主角。如今的连衣裙，无论是面料还是款式，种类非常多。连衣裙不仅仅可以单穿，还可以进行各种服饰搭配，女性的礼服，大多也是以连衣裙的形式出现的。

(一) 分类

1. 按廓型线来分

可以分成 A 型、X 型、H 型、O 型、T 型、S 型，如图 4-1 所示。

特点：

A 型裙：上窄下宽。活泼、洒脱、流动感。

X 型裙：中间收紧，两端放大；腰部收紧，肩部、下摆放大。柔和、优美、女性味浓。

H 型裙：线形变化小，肩、腰、臀围、下摆的宽度基本相同。修长、简约、宽松、舒适。

O 型裙：没有明显的棱角，外形圆润饱满，中间部位呈松弛状态。休闲、舒适、随意。

T 型裙：上大下小，肩部夸张，下摆自然。大方、洒脱、中性。

S 型裙：上、下均收小，腰部收腰，比较贴体。多用有弹性的材料，表现女性的柔美。

2. 按腰线的位置分

可以分成正腰型、高腰型、低腰型，如图 4-2 所示。

图 4-1　连衣裙廓型线分类

图 4-2　连衣裙腰线分类

特点：

正腰型：正腰型连衣裙是连衣裙中最基本的形式，其设计的腰线在人体的腰的最细部位（腰节），能产生自然美的效果，也是连衣裙中设计最多的形式。它结合了上衣、裙子的基

本特点，将上衣与裙子的设计元素融为一体，所以其款式变化无穷，可以发展为各种形状。

高腰型：高腰的设计是将腰线上提，从视觉上拉长人体，使人显得修长，即便蓬松下摆也不感觉人体臃肿、矮小；其最典型的代表是朝鲜族的女装。大多数的形状是收腰、宽摆。

低腰型：低腰型的设计，是将腰线下移，由于将人的视线下移，则通常是大下摆。长裙的接腰部分应在腰、臀间的中上部，短装连衣裙接腰部分可设计在腰、臀之间，给人以青春活泼之感。

3. 按设计长度来分

可以分成超短型、短型、中长型、长型、拖地型，如图 4-3 所示。

图 4-3　连衣裙长度分类

特点：

超短型：设计裙长在大腿的中上部，设计较大胆、开放，既能表现女孩青春活力的一面，又能表现其活泼、开朗、大方、天真可爱的性格。为多数少女所喜爱。

短型：设计长度多在大腿中部至膝部，其设计既能表现女孩的活泼、可爱，也能表现其稳重、大方的一面。其穿着年龄的跨度比超短型要大。

中长型：也叫中庸型，其设计长度通常在膝至小腿中部，是连衣裙中最常见的、最基本的设计型式。其穿着年龄的跨度较大，尤其深受中老年人及相对保守的人喜爱。

长型：长型的设计长度通常在小腿中部至脚面。这种设计有阿拉伯及印度服装的风味，它既表现了保守、稳重，又不失高雅、华贵的风格。

拖地型：其设计长度拖及地面，可根据设计需要任意加长、加大裙摆。其设计风格多为奢侈、华贵、高雅，因而多用于晚礼服、婚纱礼服等高档服装的设计。

4. 按设计结构分

可以分成长短袖型、有无领型、背心型、吊带型、公主线型、层叠型、裹胸型，如图 4-4 所示。

特点：

长袖型：长袖型尽显复古风情，端庄、稳重、大方，季节跨度较大，从清明至秋分时节均可穿着。短袖型活泼、可爱、清爽，适合夏季穿着。

有无领型：有领型的相对保守、稳重，无领型的相对开放、活泼。领子运用的适当，能改变服装的性格表现：相同造型的连衣裙，配上男式衬衫领则表现出稳重、保守的职业服效果，而改换成带花边的铜盆领，则可表现出活泼、天真的孩童气息。

背心型：背心型属于无袖型的一种款式，背心裙的变化在胸围线以上主要表现为肩带的宽窄及其位置的设计上；在胸部以下，各种设计形式均可运用。背心裙通常是无袖的，但可以含领。背心裙以无领居多。背心裙凉爽、开放、活泼、随意，是夏季纳凉的首选。背心裙对穿着场合有所限制，其不宜做职业服装，且一般的商务场合也不宜穿着。然而，背心裙却是晚礼服的首选。

吊带型：吊带裙比较开放、大胆，在设计上，以突出女性丰满的胸部为主，常配以收腰、宽下摆的设计。肩部配以细长的吊带，更能体现出女性的娇贵、妩媚、性感。一般胸部的设计安全区在其乳点上 2.5 cm 以上，其设计长度不限，是晚礼服常用的形式。

公主线型：公主线型连衣裙系法国时装设计师 C. F. 沃思为欧仁妮公主所设计，从肩至下摆呈一线纵向裁剪，由 6 块裙片组成。其上身合体，下摆稍展宽，无腰节缝。因采用公主线裁剪方法而得名。现代设计中，也将弧形开刀缝及上体弧形开刀缝的断腰节连衣裙称之为公主线型连衣裙。其特点是：上体很合体、很平服，非常利于做省位转移来表现出女性的曲线美。

层叠型：仿吉卜赛风格，层层叠叠。通常在胸部以下采用一层层的荷叶边、花边等相重叠，来夸张轮廓，表现其活泼、热情、奔放、华美的特点。其多用于设计礼服、少女裙等。

裹胸型：胸部紧裹，充分突出女性的胸部曲线，其多用于礼服的设计中。

长、短袖型

有无领型

背心型

吊带型

公主线型

层叠型

裹胸型

图 4-4　连衣裙设计结构分类

5. 按穿着场合分

可以分成日常型、家居型、职业型、礼服型，如图 4-5 所示。

图 4-5　连衣裙穿着场合分类

特点：

日常型：日常型为日常外出活动中所穿着的常规连衣裙，其款式设计风格不限，没有太多的装饰，用料也无需太华丽，其结构通常较为简单，利于活动。

家居型：为休息、就寝时穿着的连衣裙。以宽松、舒适、穿脱方便为特点，其材料多为丝绸、棉织物等天然纤维材料。

职业型：职业型以制服型居多，其特点为相对保守、稳重、大方，既可用于办公、社交等场合穿着，也可日常穿着，其裙长通常可过膝，以中长型为宜。通常不以背心、吊带裙的形式设计。有些职业型的连衣裙功能较为单一，只适合特定的场合穿着，如宾馆、酒楼、舞台演出服等。

礼服型：主要有晚礼服、婚礼服。通常肩、领设计较低，袒胸露背，裙摆宽大，裙长及踝或拖地，小礼服裙的长度可在膝至小腿中部。多用华贵的绸缎、丝绒、有悬垂感的面料制作，并装饰花边、缎带，追求飘逸、华丽、高雅的风格。晚礼服是西方社交活动在晚间正式聚会、典礼上穿着的礼仪用服装，以黑色最为隆重。婚礼服有晚礼服的特点，多表现新娘的高雅、清新、纯洁，以白色最为高雅，红色最为喜庆。

如果把连衣裙再分的话，可分为接腰型和连腰型两大类。在接腰型中，包括低腰型、高腰型和中腰型；在连腰型中，包括 A 型、X 型、H 型、S 型、T 型、O 型、公主线型等。

（二）连衣裙的选料

连衣裙的选料主要根据其服用性来定，即由它的穿着效果来定，如图 4-6 所示。

连衣裙有广泛的适应性，对服装衣料的要求并不十分严格。夏季连衣裙要求穿着方便、凉爽、舒适，选择面料要求轻、软、薄、平挺、悬垂性好，通常以选用色布、花布、涤棉布、中长纤维、府绸、卡其布以及各种化纤、丝绸、仿真丝、雪纺、全棉高支纱色织布、针织汗布、针织珠地网眼布等制作为宜。只要是轻薄的即使是一层纱都能用到连衣裙中，如：化纤织物中的印花富春纺、涤棉细布、涤棉麻纱、针织涤纶，丝绸中的双绉、电力纺、芦山纱，等等。对于秋冬季的连衣裙，则可用一些相对较厚点的材料，如：女式呢、左绩麻等。对于要求有悬垂效果的设计，则可采用丝绒针织布或采用斜料来剪裁的方法。

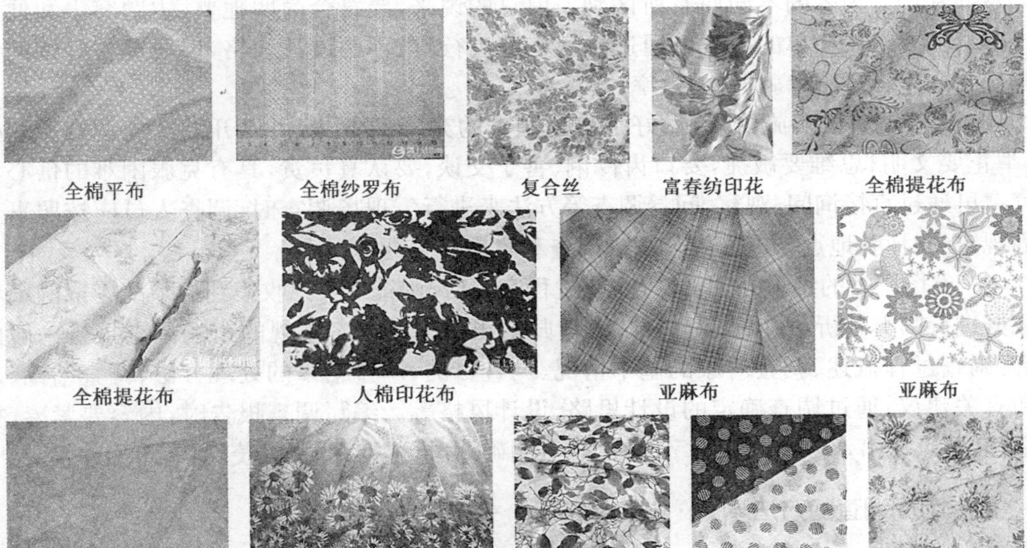

图 4-6　连衣裙面料

二、连衣裙市场调研

（一）市场调研的概念

市场调研是指为了提高产品的销售决策质量、解决存在于产品销售中的问题或寻找机会等而系统地、客观地识别、收集、分析和传播营销信息的工作。作为设计人员，通过对市场的分析了解，有利于理清自己的设计思路，明确自己的设计方向，从而设计出适销对路的产品。市场调研的结果通常要写成调研报告。

市场调研报告是经济调查中的一个重要种类，它是以科学的方法对市场的供求关系、购销状况以及消费情况等进行深入细致地调查研究后所写成的书面报告。其作用在于帮助企业了解掌握市场的现状和趋势，增强企业在市场经济大潮中的应变能力和竞争能力，从而有效地促进经营管理水平的提高。它是设计师的设计依据。

（二）市场调研的目的

通过了解市场状况，进行市场分析，准确地了解市场需求，进行合理定位，从而指导设计、生产与销售。

（三）市场调研的步骤

市场调研的全过程可以分为 3 个阶段。

(1) 市场调查的准备阶段：准备阶段需要解决调查的目的、要求、范围和调查人员的安排等问题，制定一个可行有效的调查计划和时间规划，确定调查地点、调查方法、调查的人数与次数和特定对象与阶层。调查表的设计没有规定格式，根据调查方式的不同、提出问题的不同和调查内容的不同而有所区别。但总的说来，要符合简明扼要、主题突出和便于统计分析的要求。简单的调查可通过行家咨询进行，虽不必设计表格，但要准备好询问的提纲记在心里，以便提高调查的效率。

(2) 市场调查的实施阶段：做好了市场调查的充分准备，就可以开始实施调查。调查时，举止要文明，思维要敏捷，要口齿伶俐、善于交谈，要认真负责，具有克服困难的信心和勇气。可通过直接询问、观察、问卷调查等方法来进行。现场调查时，调查人员应按照事先计划规定的时间、地点、方法、内容进行调查和收集有关资料。

(3) 市场调查的结果处理：调查实施过程完成后，调查者要把收集到的杂乱零散的资料和数据进行归类分析，并以此为基础，统计归纳出调查结论。正规的市场调查报告一般内容有：调查过程概述、调查对象的基本情况、调查目的、调查结果的处理方法、调查结论、总结和有关建议，通过调查确定的设计思路、设计风格等。编写调查报告时，内容要紧凑，抓住主题，重点突出，客观求实，文字简练，观点明确，分析透彻，图文并茂，具有可操作性等。

（四）市场调查的方法

(1) 询问法：调查人员直接接触被调查对象，通过询问的方式收集服装有关信息的方法称为询问法调查。它是由调查人员向有关对象提出问题，以获得情报和资料的一种方法。询问法按接触方式不同可分为三种形式，即走访调查法、问卷调查法和电话调查法。走访调查法是调查人员面对面地对被调查对象提出有关问题，由被调查对象回答，调查者当场记录的一种询问法。一般情况下，走访获得的服装信息资料，回答率和真实性都较高，感性认识较强，能比较形象地感知势态。这种方法的不足之处是容易受调查人员的态度、情绪、语言等影响产生一定的偏见和误解。问卷调查法是事先把精心设计好的问卷以信函的方式寄送给有关的被调查对象，请他（她）们填写后寄回的一种询问调查法。这种方法有很多优点，如被调查对象可以不受调查者外貌和情绪的影响，完全自由真实地填写自己的见解，并有充分的时间思考问题，还可以扩大调查的覆盖面，调查总成本较低，可节约大量时间。此法的缺点是，有些调查对象可能会认为事不关己，回答问题肤浅，问卷回收率难于控制。通常可采用配送优惠卡或有奖问答的方式提高问卷的回收率。电话调查法是根据特定对象（如职业女性、企业家、高年级学生等）的抽样要求，用电话的方式调查询问意见和信息的一种询问调查法。调查中应尽可能地利用一些电话联络网（家人的电话、朋友的电话、家人的朋友、朋友的朋友、过去的客户等）。这种方法的优点是能迅速及时地收集急需的信息资料，对有些不便于当面回答的问题，在电话调查中可能得到解决。这种方法的缺点是，由于通话时间不能太长，对问题的讨论不便深入，不能讨论较为复杂的问题。

(2) 观察法：调查人员亲临所要调查的现场（如销售现场）进行实地调查，或在被调查者毫无察觉的情况下，对他（她）们的有关行为、反应进行调查统计的一种方法。观察法经常用来调研服装产品与穿着的外观、色彩、款式、面料、包装与客流量等。如专门安排时间定期到其他商店的销售货架旁边，或专门到电影院门口、上下班时间的十字路口、繁华街区等地方，观察各种各样的消费者的穿着情况和新的流行信息，用于开发自己的产品。还可以利用亲自站柜台，参加各种订货会、展销会、流行发布会、设计大奖赛、学生毕业设计作品展等，观察并记录有价值的信息。

(3) 实验法：先选择较小的范围，确定 1～2 个因素，并在一定控制条件下对影响服装销售的因素进行实际实验，然后对结果进行分析研究，进而在大范围推广的一种调查方法，实验调查法的应用比较广泛。一般每推出一个系列的服装款式都可以在小范围内进行实验（试销），了解顾客对该服装的款式、色彩、质量、包装、价格、陈列方式等因素的反应，然后决定是否大批量生产。实验法可以采取多种形式，一般可在服装店设试销货架以了解新产品对顾客的吸引力。

(4) 网络法：网络法调查是通过网络问卷或网络聊天、博客的形式与被访者进行交谈，从而获得信息的一种方式。

（五）调研报告的撰写

调研报告一般由标题和正文两部分组成。

1. 标题

标题可以有两种写法。一种是规范化的标题格式，即“发文主题”加“文种”，基本格式为“关于连衣裙市场的调查报告”“连衣裙市场的调查”等。另一种是自由式标题，包括陈述式、提问式和正副题结合使用三种。

2. 正文

正文一般分前言、主体、结尾三部分。

(1) 前言。有几种写法：第一种是写明调查的起因或目的、时间和地点、对象或范围、经过与方法，以及人员组成等调查本身的情况，从中引出中心问题或基本结论来；第二种是写明调查对象的历史背景、大致发展经过、现实状况、流行情况、突出问题等基本情况，进而提出中心问题或主要观点来；第三种是开门见山，直接概括出调查的结果，如肯定现有、指出问题、提示影响、说明中心内容等。前言起到画龙点睛的作用，要精练概括，直切主题。

(2) 主体。这是调查报告最主要的部分，这部分详述调查研究的基本情况、做法、经验，以及分析调查研究所得材料中得出的各种具体认识、观点和基本结论。

(3) 结尾。结尾的写法也比较多，可以提出设计思路、设计方向及实施方法；或总结全文的主要观点，进一步明确设计主题、设计方向。

(六) 问卷范例

调查对象：女性受访者。

您好！我是＊＊＊＊学校服装专业的学生，正在进行一项有关连衣裙的市场调查，现在耽搁您两分钟，麻烦您帮我完成一份问卷，您的答案对我很有帮助。非常感谢您的配合！

1. 您的年龄？

A. 16～20岁　B. 20～30岁　C. 30～40岁　D. 40岁以上

2. 您的职业？

A. 学生　B. 蓝领　C. 白领　D. 退休

E. 待业青年

3. 您的月收入范围？

A. 1 000元以下　B. 2 000元左右　C. 3 000元左右　D. 4 000元左右

E. 4 000元以上

4. 您每年用于购买连衣裙的资金大概是多少？

A. 300元以内　B. 300～500元　C. 500～1 000元　D. 1 000元以上

5. 您能接受的连衣裙价格是？

A. 100元以内　B. 101～200元　C. 201～300元　D. 300元以上

6. 在购买时，您是否会受产品品牌的影响？

A. 没有影响　B. 受部分影响

C. 有较大影响　D. 完全受品牌影响

7. 您购买服装的时机？

A. 新品上市　B. 促销打折　C. 换季打折　D. 节假日

E. 随意

8. 您购买连衣裙的频率是？

A. 不固定　B. 平均一月购买一次

C. 平均一季购买一次　D. 平均一年购买一次

E. 其他

9. 您最喜欢哪种风格的连衣裙？

A. 个性化的　B. 清新自然的　C. 传统雅致的　D. 时尚动感的

E. 其他

10. 在选择服装时，您最看重哪些因素？

A. 品质　B. 价格　C. 款式　D. 品牌

E. 服务　F. 流行　G. 舒适合体

H. 颜色搭配及面料　I. 其他

三、连衣裙款式设计

市场调研是为了让设计人员更好地了解市场，并运用调研结果来指导连衣裙的款式设计。而设计人员能设计出适销对路的产品才是市场调研的最终目的。

（一）设计定位

1. 地域的定位：确定所销往的区域，因为各区域的人的穿着习惯是不一样的。

2. 年龄段的定位：确定所穿着者的年龄段，因为不同年龄的人的穿着要求是不同的。

3. 价格定位：确定是走高档路线，还是走中档或低档路线。

4. 风格定位：确定其风格，如：是华丽复古的洛可可风格还是简洁明快的现代风味。

5. 款式的定位：根据分析结果，确定所设计款式的总体轮廓线，如S型、T型还是H型。

6. 尺寸的定位：确定其设计长度、围度的松量大致范围。

（二）连衣裙的款式设计

1. 以A4纸张针对市场设计一个系列的（最少五个款式）连衣裙效果图。

2. 以A4纸张画出其款式图。

3. 写出其设计构思。

4. 教师对学生的设计进行点评，指出问题，提出修改意见。

5. 根据老师的点评，对自己的设计进行进一步的修改，完成设计稿件。

四、连衣裙结构、样板设计

（一）量体

连衣裙的主要测量部位有：裙长、胸围、腰围、臀围、肩宽、领围、袖长、前腰节长、后腰节长。测量工具：皮尺。要求：测量者站在被测量者的侧面。被测量者要求自然呼吸。

1. 裙长：连衣裙的裙长的测量方法如按起始位置来看有两种方式：

（1）以颈椎点为起始点向下量取至所需长度的后中长；

（2）以颈侧点（肩颈点）为起始点量至所需长度的前中长。

前者测量相对准确，因为其测量点明确、明显（第七颈椎的位置）。后者为传统测量方法，由于颈侧点没有明显的标记点，故其位置需凭测量者的经验来判断。

2. 胸围：用皮尺在胸部最丰满处，经过乳点水平围量一圈，注：皮尺微松，可放入两指；再根据款式需要加放一定量的松量。紧身的可放6～8 cm左右；合体的可放8～10 cm；稍微松身的可放10～14 cm，宽松的可放14 cm以上（在汗衫外量）。

3. 腰围：用皮尺在腰的最细部位水平围量一圈，且皮尺微松，可放入两指；再根据款式需要加放一定量的松量。X型的一般可使胸腰差控制在18～20 cm左右。

4. 臀围：在臀部最丰满处水平围量一圈，再根据款式需要加放4 cm以上。

5. 肩宽：肩宽的测量方法有两种形式，其一为传统的测量方式，即从左肩骨外端经过颈椎点量至右肩骨外端，再根据款式需要适量加放。另一种为国家号型标准的测量方法，即不经过颈椎点的从左肩骨外端至右肩骨外端的水平横弧，再根据款式需要适量加放。

6. 领围：在喉结下 2 cm，经过颈椎点围量一圈，再根据款式需要加放。

7. 袖长：从肩外端沿手臂量至需要的长度。

8. 前腰节长：在腰部最细处系水平标记带，由肩颈点经胸高点量至腰部最细处。

9. 后腰节长：由颈椎点量至腰部最细处。

（二）翻领剪接腰围的连衣裙基本结构

1. 剪接腰围的连衣裙款式图与款式概述

(1) 剪接腰围的连衣裙款式图

款式图如图 4-7 所示。

图 4-7 连衣裙款式图

(2) 剪接腰围的连衣裙款式概述

女式衬衫翻领，腰节处有接缝，收腰身，胸腰差在 18 cm 左右，前后片收省，前片收腋下省位；后片无肩省，前门里襟钉四粒钮；下裙为二片裙（前一片，后一片），裙摆微放大；左侧缝装拉链；长袖，袖口抽褶，绱袖克夫。在尺寸上，胸围为合体放松量 8 cm，为剪接腰围的基本型连衣裙。可根据设计需要在此基础上变化成任意断腰节的连衣裙。

2. 剪接腰围的连衣裙规格

单位：cm

号型	部位	裙长	胸围 B	腰围 W	臀围 H	肩宽 S	领围 N	袖长	背长	前腰节长	后腰节长	袖口
160/84A	规格	100	92	74	94	39	38	52	38	41	38	21

3. 剪接腰围的连衣裙的结构图

结构图见图 4-8，图 4-9 所示。

4. 制图步骤

A. 前上片的制图（见图 4-10）：

(1) 画基础线①：由纸边向内画平行线 5 cm 为基础线。

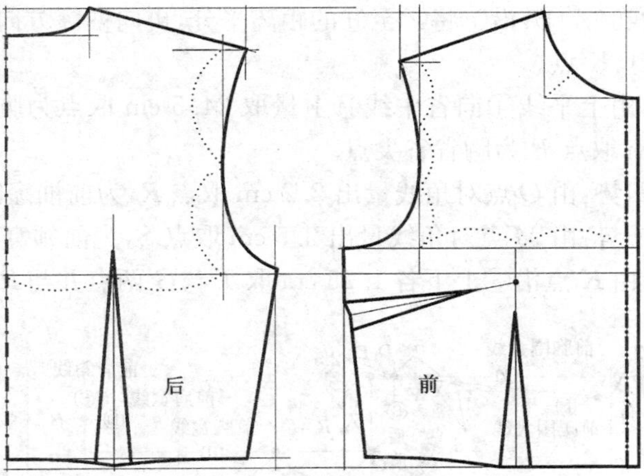

图 4-8 前后上片

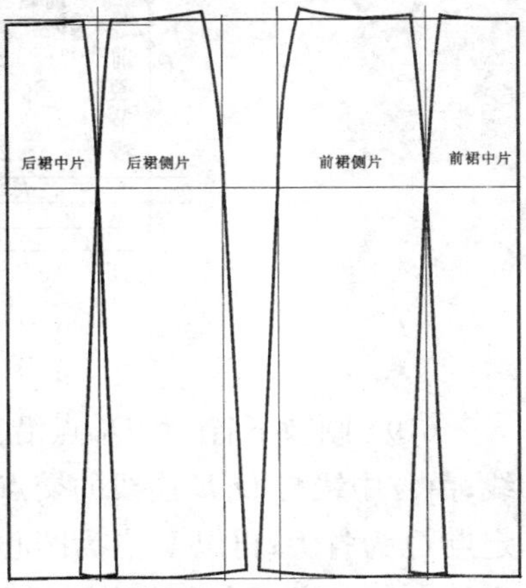

图 4-9 前后下片

(2) 画叠门线②:由基础线向内画平行线 2 cm 为叠门线。

(3) 画腰节线③⊥①:由左手纸边缘向内量取 3 cm 画平行线为腰节线并垂直于①且交①于 F 点。

(4) 画上平线(衣长线)④⊥①:由③向上量取前腰节长=41 cm 为上平线并垂直于①。

(5) 画肩斜线⑤⊥①:由④向下量取 $S/10+0.5=4.4$ cm 为肩斜线并垂直于①。

(6) 画前领深线⑥⊥①:由④向下量取 $N/5=7.6$ cm 为前领深线(前直开领深)并垂直于①,交②于 N 点。

(7) 画前胸围线(前袖窿深线)⑦⊥①:由④向下量取 $2B/10+2=20.4$ cm 为前胸围线并垂直于①。

(8) 画后胸围线(后袖窿深线)⑧⊥①:由⑦向下量取 2.5 cm 画⑦的平行线为后胸围线。

(9) 画前领宽线(前横开领大)⑨∥①:由②沿④向上量取 $N/5-0.6=7$ cm 为前领宽线并垂直于④,且分别交④于 A 点,交⑥于 M 点。

(10) 画前肩宽线⑩∥①:由②沿④向上量取 $S/2-0.5=19$ cm 画水平线为前肩宽线并垂直于⑤且交⑤于 B 点。

(11) 画前胸宽线⑪∥①:由⑦与②的交点向上量取 $1.5B/10+3=16.8$ 画水平线为胸宽线并垂直于⑦且交⑦于 O 点。

(12) 画前胸围大线⑫∥①:由⑦与②的交点向上量取 $B/4+0.5$(前后差)$=23.5$ cm 画水平线为前胸围大线;且交⑦于 D 点,交⑧于 D_1 点。

(13) 画前腰围大线⑬∥①:由③与②的交点沿③向上量取 $W/4+2.5$(省)$+0.5$(前后差)$=21.5$ cm 画水平线为前腰围大线;在⑬与③的交点沿⑬向右量取 1 cm 取点为前腰围大 E 点。

(14) 定前省中线⑭∥①：沿⑦将②至⑪的距离平分，再向袖窿方向移动 0.8 cm 画水平线为省中线，且交③于 K 点。

(15) 定胸高点：由上平线④向省中线⑭上量取 24.5 cm 取点为胸高点(BP 点)。由胸高点再向左量取 3 cm 取点 P 为胸省省尖点。

(16) 定前袖窿凹势：由 O 点对角线量出 2.2 cm 取点 R，为前袖窿凹势点。

(17) 定前领窝凹势：由 M 点对角线量出 3.5 cm 取点 S，为前领窝凹势点。

(18) 画前胸省：由 K 点沿③上下各 1.25 cm 取 T 与 G 两点并与 P 点连接为前胸省大。

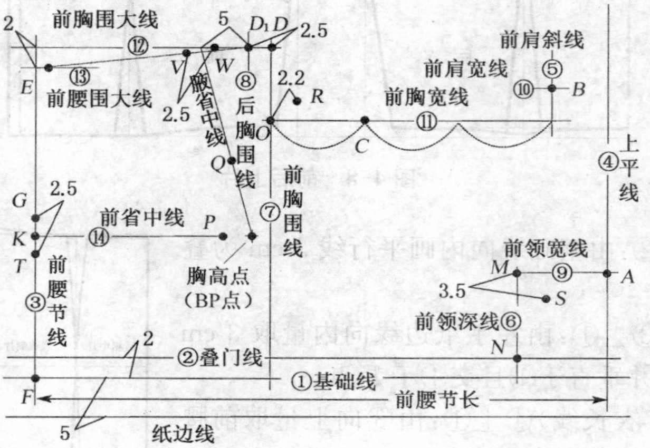

图 4-10　前上片制图

(19) 画腋下省：由 D_1 点沿⑫向左量取 5 cm，并将此点与胸高点(BP 点)连线为腋省中线；由省中线与 D_1E 连线的交点向左 1.25 cm 取点 V，由 V 点向省中线上截取省长 10 cm 定点 Q 为省尖；再以 V 点为圆心，以省大 2.5 cm 为半径，向 D_1 点方向画省大圆弧；同时以省长 10 cm 从 Q 点在省大圆弧上截取腋省大点 W。连接 VQ 与 QW，并使 QW 等于 VQ 为腋下省，如图 4-10 所示。

(20) 完成前上片轮廓线：连接 AB 为前小肩线，连接 $BCRD$ 为前袖窿弧线，连接 DD_1WVE 为前侧缝线，连接 $EGKTF$ 为前腰口线，连接 ASN 为前领窝弧线。前上片的轮廓，如图 4-11 所示。

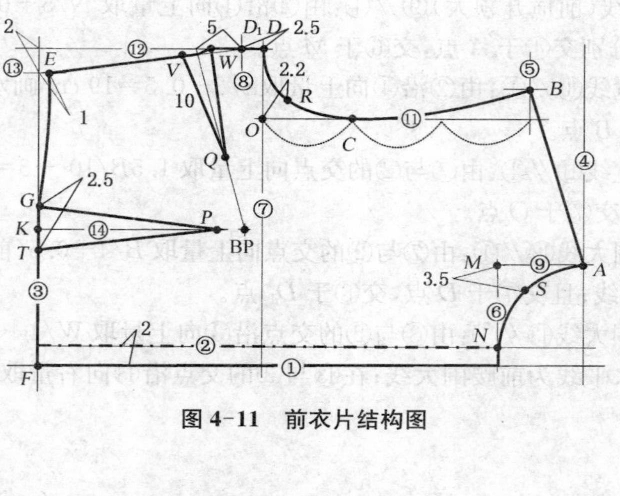

图 4-11　前衣片结构图

(21) 合省修省：折纸，以 P 点为圆心，将 T 点合并到 G 点；再将 EF 修圆顺，且使 $\angle EGP$ 为直角；使 $\angle DET$ 也近似直角，如图 4-12 所示。展开 GT 点并将 EG 与 FT 画顺至省中线 K 点，完成省位的制图，如图 4-13 所示。连顺 $EGKF$ 并画顺完成前上片制图，如图 4-14 所示。

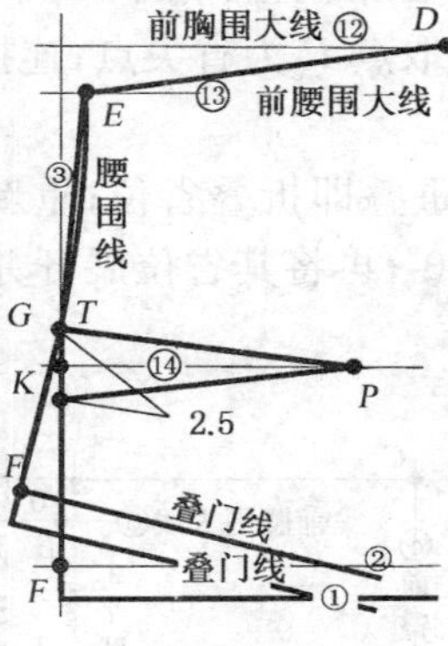

图 4-12

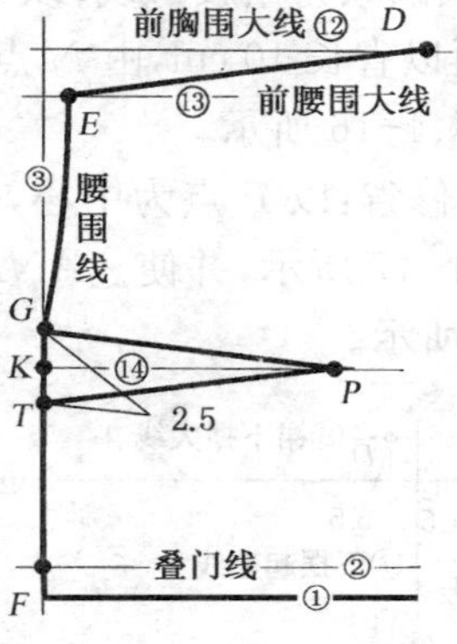

图 4-13

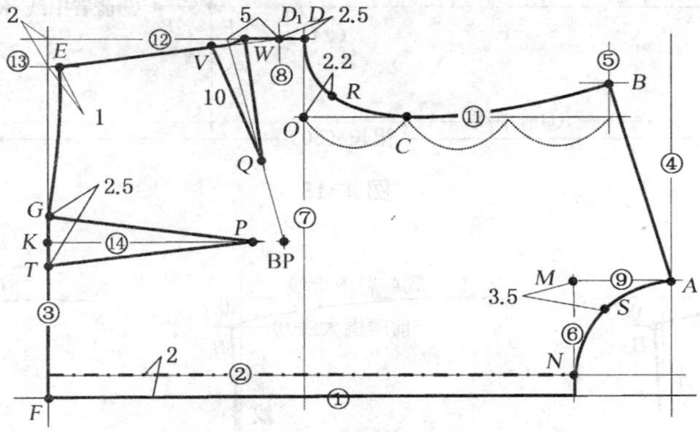

图 4-14

B. 前裙片(下片)的制图(见图 4-15)：

(1) 画基础线水平线(前中线)①：前中为连折线。

(2) 画下平线②⊥①且交①于 E 点。

(3) 画上平线(腰口线)③⊥①：由②沿①向右裙长 60 cm 画①的垂线且交①于 A 点。

(4) 画臀围线④⊥①：由③向下量取臀高 18 cm 画①的垂线，为臀围线，且交①于 O 点。

(5) 画前臀围大线⑤//①：由 O 点沿④向上量取 $H/4+0.5=24$ cm，画①的平行线，为前臀围大线，且交④于 C 点。

(6) 画前腰围大线⑥//①：由 A 点沿③向上量取 $W/4+3+0.5=22$ cm 画①的平行线，为前腰围大线，前腰围大线与③的交点垂直向右 0.7 cm 取点 B，为前腰围大点。

(7) 画前下摆起翘线⑦⊥①：由②与⑤的交点向右量取 1.5 cm 画⑤的垂线，为下摆起翘线。

(8) 画前下摆大线⑧//①：由⑦与⑤的交点向上量取 3.5 cm 画⑤的平行线，为下摆大线，且交⑦于 D 点。

(9) 画前省中线⑨//①：由 A 点沿③向上量取 9.45 cm 画①的平行线，为省中线，且交③于 K 点、交④于 F 点、交②于 G 点。

(10) 画前省：连接 DC 画直线并延长过 C 点，再连接 BC，使其与 DC 的延长线画圆顺。连接 AKB 并画圆顺为裙腰口线；以 K 为中点在 AKB 弧线上上下各取 1.5 cm 定 N 与 M 点为省大点；再以省长 10 cm，由 N 点在省中线⑨上截取点 P 为省尖点；连接 NPM 为前中省。如图 4-15、4-16 所示。

(11) 合褶修省：以 P 点为中心，使 N 点与 M 点重叠即折叠省位；重新修圆顺腰口线 $ANMB$，如图 4-17 所示，并使 $\angle ANP$ 与 $\angle BMP$ 为 90°，再将其省位展开并画顺至省中 K 点，如图 4-18 所示。

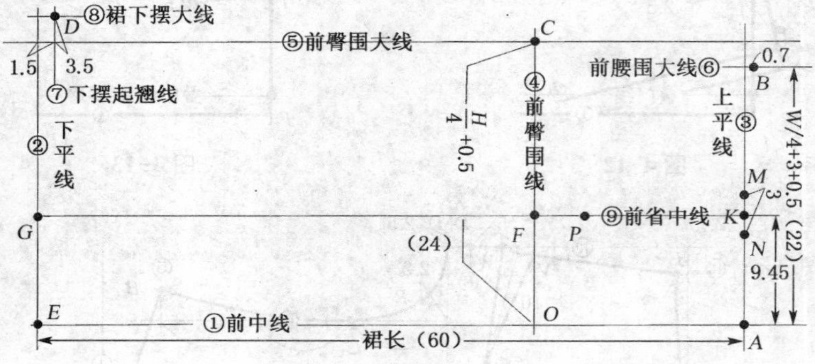

图 4-15

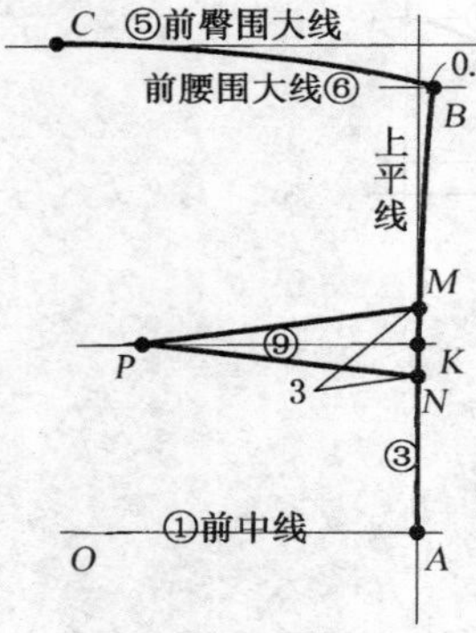

图 4-16

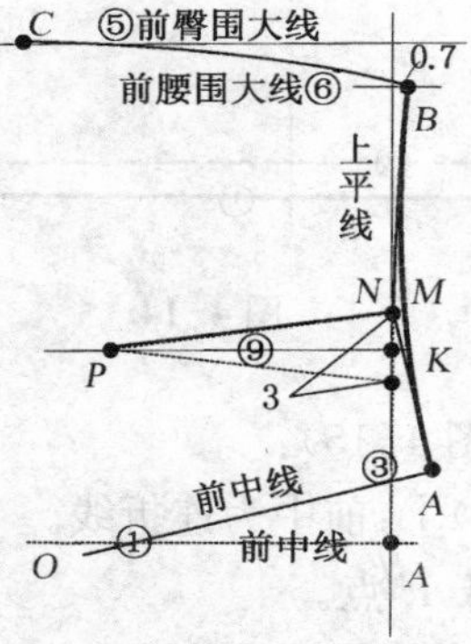

图 4-17

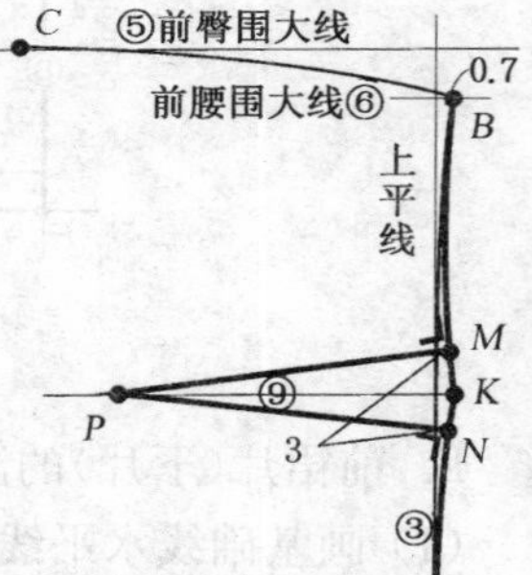

图 4-18

(12) 完成前裙片外轮廓：连接 $ANKMB$ 并画圆顺为裙腰口线；连接 BCD 并画圆顺为裙侧缝线；连接 ED 并画圆顺为裙下摆；连接 EA 并画点划线为裙中线。完成裙前片轮廓，如图 4-19 所示。

(13) 分割前片：由 G 点沿②上、下各 2.5 cm 再垂直向右 0.5 cm 分别取点 H 与 R，分别为裙中片、裙侧片分割片的起翘点。重新连接 $ANFHE$ 并画圆顺为裙前中片；连接 $MBCDRF$ 并画圆顺为裙前侧片，如图 4-20 所示。

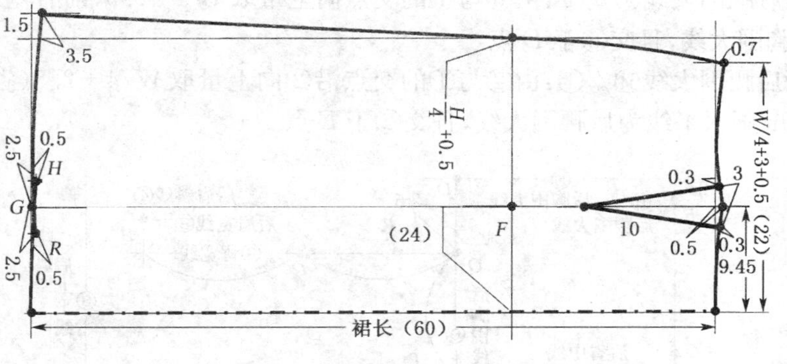

图 4-19

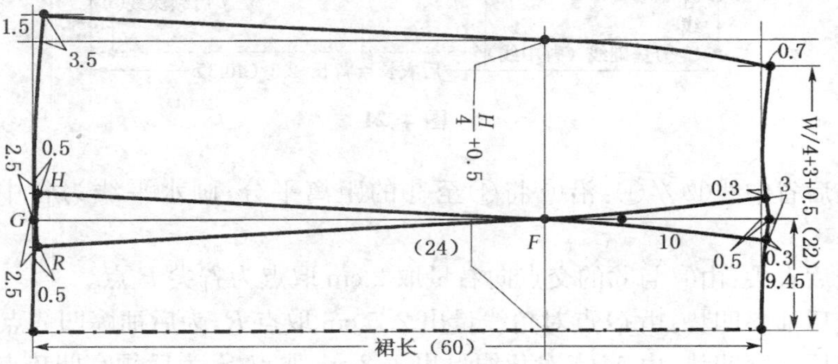

图 4-20

C. 后上片的制图(图 4-21)：

(1) 画基础线①：画水平线①平行于纸边为基础线。

(2) 画腰节线②⊥①：由右手纸边缘向左手方向量取 45 cm 画①的垂线为腰节线且交①于 F 点。

(3) 画后上平线(后衣长线)③⊥①：由②向右量取背长 38＋2.3(后领深)＝40.3 cm 画①的垂线，为上平线。

(4) 画后肩斜线④⊥①：由③向左量取 $S/10$＋0.3＝4.2 cm 画①的垂线，为后肩斜线。

(5) 画后领深线⑤⊥①：由③沿①向左量取 2.3 cm 画①的垂线为后领深线(后直开领深)，交①于 N 点。

(6) 画后胸围线(后袖窿深线)⑥⊥①：由③沿①向左量取 $2B/10$＋4.8＝23.2 cm 画①的垂线，为后胸围线。

(7) 画后领宽线(后横开领大)⑦∥①：由 N 点沿⑤向上量取 $N/5$—0.6＝7 cm 画③的垂线为后领宽线，且分别交③于 A 点，交⑤于 M 点。

(8) 画后肩宽线⑧∥①：由①沿④向上量取 $S/2$ ＋0.3＝19.8 cm 画水平线为后肩宽线并垂直于④且交④于 B 点。

(9) 画背宽线⑨∥①：由⑥与①的交点向上量取 1.5$B/10$ ＋4＝17.8 画水平线为背宽线并垂直于⑥且交⑥于 O 点。

(10) 画后胸围大线⑩//①：由⑥与①的交点向上量取 B/4－0.5(前后差)＝22.5 cm 画水平线为后胸围大线，且交⑥于 D 点。

(11) 画后腰围大线⑪//①：由②与①的交点沿②向上量取 $W/4+2.5$(省)-0.5(前后差)＝20.5 cm 画水平线为后腰围大线，且交②于 E 点。

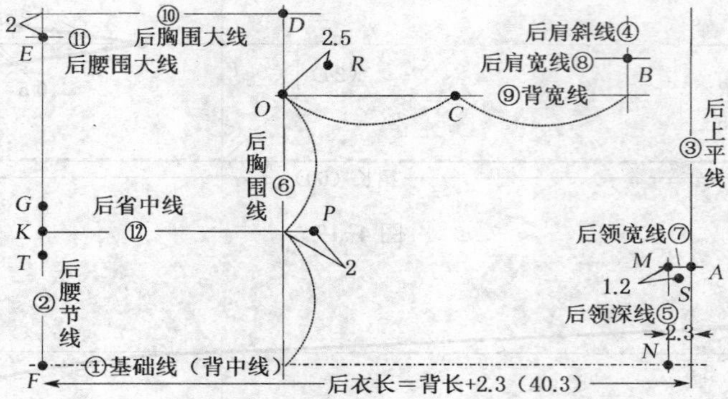

图 4-21

(12) 定后省中线⑫//①：沿⑥将①至⑨的距离平分，画水平线为省中线，且交②于 K 点。

(13) 定后省尖：由⑫与⑥的交点向右量取 2 cm 取点为省尖 P 点。

(14) 定后袖窿凹势：由 O 点对角线量出 2.5 cm 取点 R，为后袖窿凹势点。

(15) 定后领窝凹势：由 M 点对角线量出 1.2 cm 取点 S，为后领窝凹势点。

(16) 画后背省：由 K 点沿②上下各 1.25 cm 取 T 与 G 两点并与 P 点连接为后胸省大，如图 4-21 所示。

(17) 完成后上片轮廓线：连接 AB 为后小肩线；连接 $BCRD$ 为后袖窿弧线；连接 DE 为后侧缝线；连接 $EGKTF$ 为后腰口线；连接 FN 并画点划线为后中线；连接 ASN 为领窝弧线。完成后上片的轮廓线的制图，如图 4-22 所示。

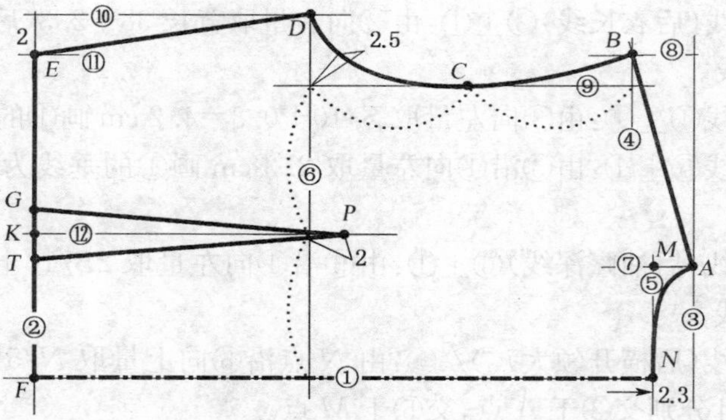

图 4-22

(18) 合省修省位：折纸，以 P 点为圆心，将 T 点合并到 G 点；再将 EF 修圆顺，且使 $\angle EGP$ 为直角，如图 4-23 所示。展开 GT 点并将 EG 与 FT 画顺至省中线的延长线的交点

上为新的 K 点，完成省位的制图，如图 4-24 所示。连接 $EGKF$ 并画顺完成后上片制图，如图 4-25 所示。

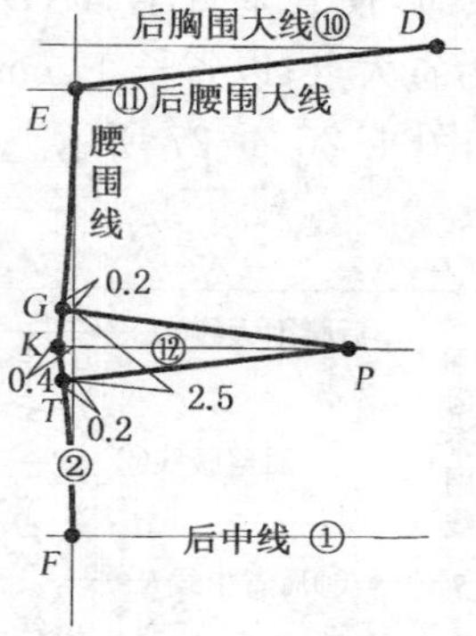

图 4-23

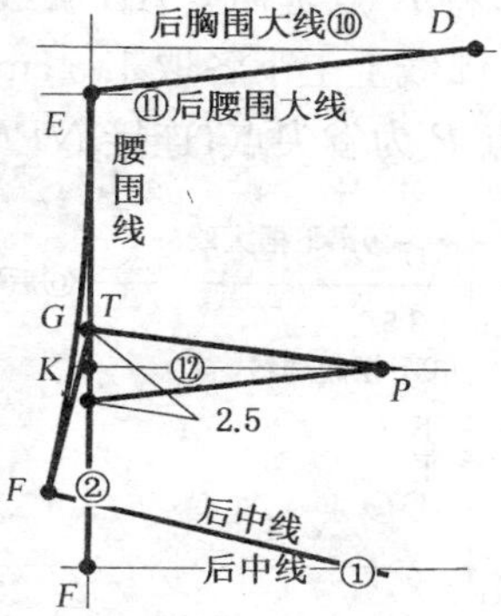

图 4-24

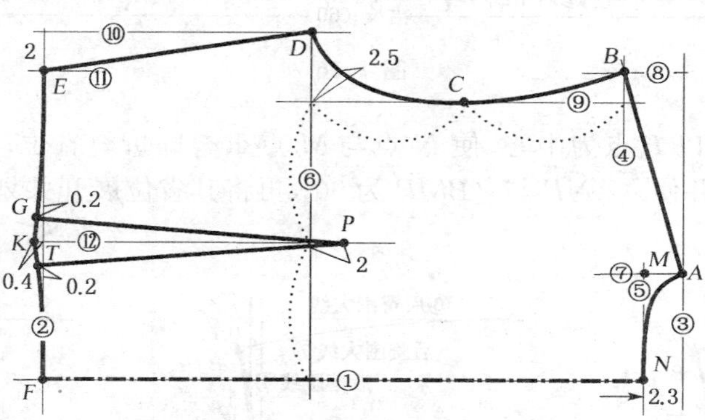

图 4-25

D. 后裙片(下片)的制图(见图 4-26)：

(1) 画基础线水平线(后中线)①：后中为连折线。

(2) 画下平线②⊥①且交①于 E 点。

(3) 画上平线(腰口线)③⊥①：由 E 点沿①向右量取裙长 60 cm 画①的垂线，为上平线；再向左落 0.5 cm 画①的垂线为后落腰线④，且交①于 A 点。

(4) 画臀围线⑤⊥①：由③向左量取臀高 18 cm 画①的垂线为臀围线，且交①于 O 点。

(5) 画后臀围大线⑥∥①：由 O 点沿⑤向上量取 $H/4-0.5=23$ cm 画①的平行线，为后臀围大线，且交⑤于 C 点。

(6) 画后腰围大线⑦∥①：由①与③的交点沿③向上量取 $W/4+3-0.5=21$ cm 画①的平行线，为后腰围大线，后腰围大线与③的交点向右 0.7 cm 取点 B，为后腰围大点。

(7) 画后下摆起翘线⑧⊥①：由②与⑥的交点向右量取 1.5 cm 画⑥的垂线，为下摆起翘线。

(8) 画后下摆大线⑨∥①：由⑧与⑥的交点向上量取 3.5 cm 画⑥的平行线，为下摆大线，且交⑧于 D 点。

(9) 画后省中线⑩∥①：由 A 点沿④向上量取 9.15 cm 画①的平行线，为省中线，且交

④于 K 点。

(10) 画后省:连接 BCD 并画圆顺为裙侧缝线;连接 AB 并画圆顺,且使 $\angle ABC$ 近似 $90°$ 为裙腰口线;将 K 点延伸至 AB 弧线上,调整省中线⑩,使其垂直于 AKB 弧线;再以 K 为中点在 AKB 弧线上上下各取 1.5 cm 定 N 与 M 点为省大点;以省长 13 cm,由 N 点在省中线⑩上截取点 P 为省尖点;连接 NPM 为后中省。如图 4-26、4-27 所示。

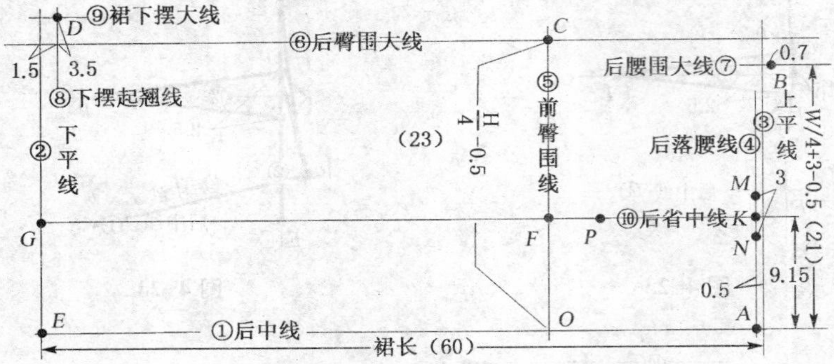

图 4-26

(11) 合省修省:以 P 点为中心,使 N 点与 M 点重叠即折叠省位;重新修圆顺腰口线 $ANMB$,如图 4-28,并使 $\angle ANP$ 与 $\angle BMP$ 为 $90°$,再将其省位展开并划顺至省中 K 点,如图 4-29 所示。

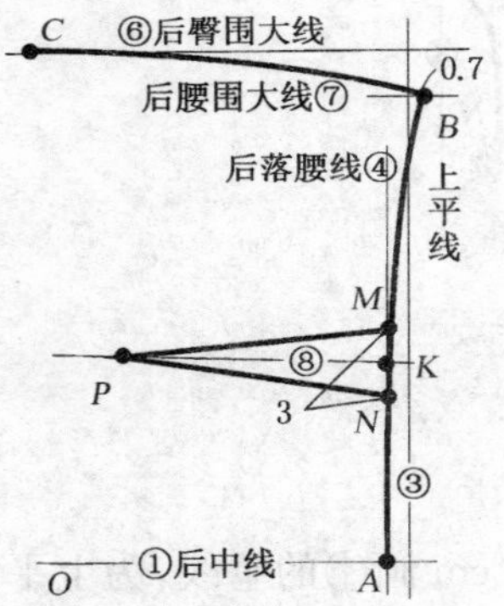

图 4-27

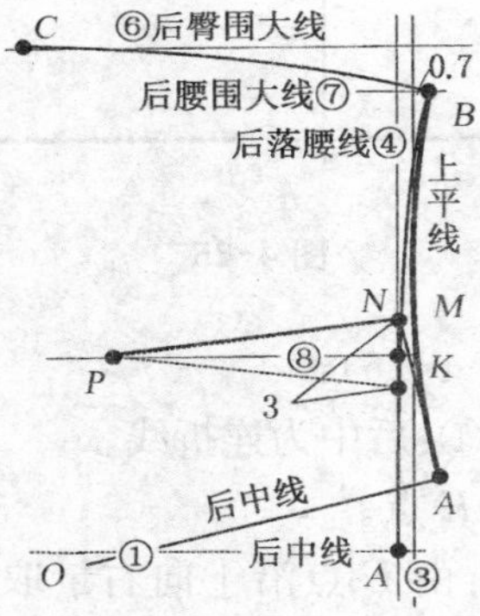

图 4-28

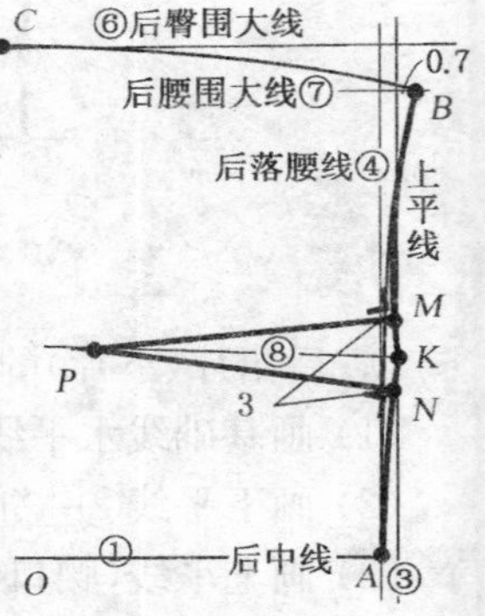

图 4-29

(12) 完成后裙片外轮廓:连接 $ANKMB$ 并画圆顺为裙腰口线;连接 BCD 并画圆顺为裙侧缝线;连接 ED 并画圆顺为裙下摆;连接 EA 并画点划线为裙中线。完成裙后片轮廓制图,如图 4-30 所示。

(13) 分割后片:由 G 点沿②上、下各 2.5 cm 再垂直向右 0.5 cm 分别取点 H 与 R,分别为后裙中片、后裙侧片分割片的起翘点。重新连接 $ANFHE$ 并画圆顺为裙后中片;连接 $MBCDRF$ 并画圆顺为裙后侧片,如图 4-31、4-32 所示。

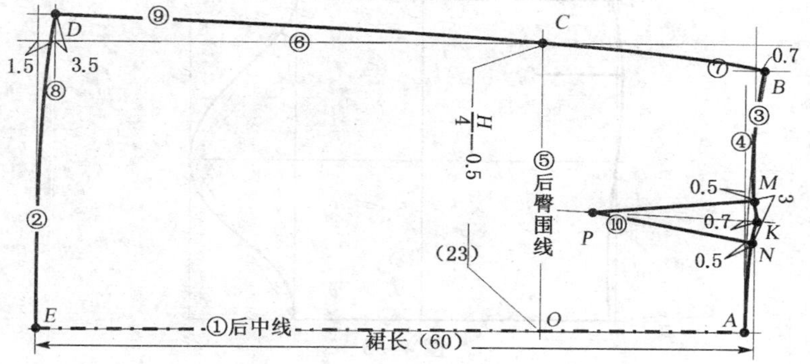

图 4-30

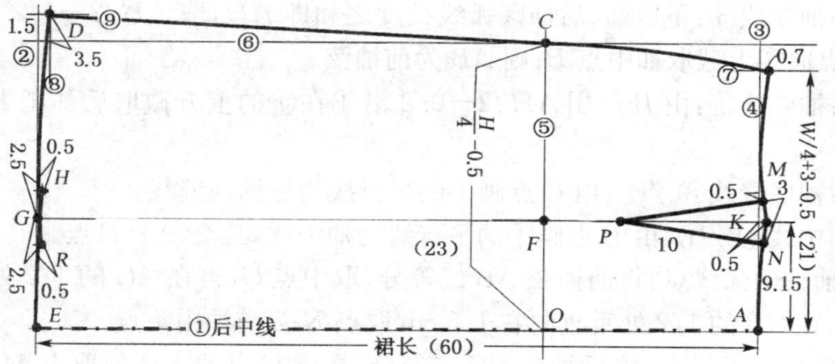

图 4-31

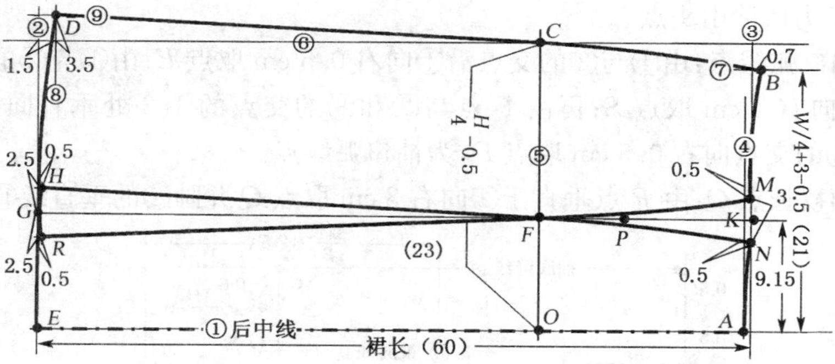

图 4-32

E. 袖子制图：

袖子的结构图如图 4-33 所示，具体制图步骤如下（见图 4-34）：

（1）画基础线水平线（前袖底缝线）①。

（2）画下平线（袖口线）②⊥①。

（3）画上平线（袖长线）③⊥①，由②沿①向右量取袖长 52－袖克夫宽 4＝48 cm 画①的垂线。

（4）画袖山深线④⊥①：由③向左量取 $AH/4+2.5=13.2$ cm 划①的垂线，为袖山深线，且交①于 A 点。

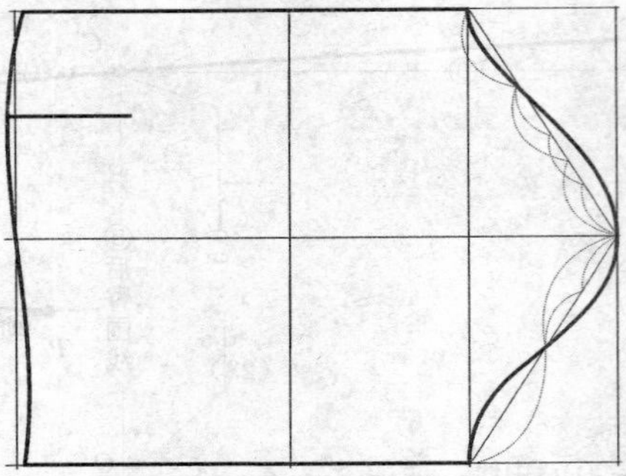

图 4-33

(5) 画袖肘线⑤⊥①：由③向左量取袖长/2＋2.5＝28.5 cm 划①的垂线，为袖肘线。

(6) 画前袖弦线⑥：量取前、后袖窿弧线长度之和即 AH，取 $AH/2-0.2$ 为前袖弦，用前袖弦由 A 点向③上截取袖中点 B；则 AB 为前袖弦。

(7) 画后袖弦线⑦：由 B 点用 $AH/2-0.2$ 沿④在④的上方截取后袖肥大点 C；则 BC 为后袖弦。

(8) 画后袖底缝线⑧∥①：由 C 点画①的平行线为后袖底缝线。

(9) 画袖中线⑨∥①：由 B 点画①的平行线为袖中线，且交②于 F 点。

(10) 定前袖山弧线点：将前袖弦 AB 二等分，取中点 G；再在 AG 的 1/2 处垂直向左量 2 cm 取点 H，在 GB 的 1/2 处垂直向右 1.5 cm 取点 K 为前袖山头点。

(11) 定后袖山弧线点：将后袖弦 BC 三等分，在近 C 点的 1/3 处取点 M；再在 MC 的 1/2 处垂直向左量 0.8 cm 取点 J，再将 BM 三等分，在其近 B 点的 1/3 处垂直向右 1.6 cm 取点 N 为后袖山头点。

(12) 定袖口弧线点：由①与②的交点沿①向右 0.5 cm 取点 E；由①与②的交点与 F 点的 1/2 处垂直向右 1 cm 取点 S；再由 F 点与②和⑧的交点的 1/2 处垂直向左 0.5 cm 取点 P；在②和⑧的交点向右 0.5 cm 取点 D，为袖口弧线点。

(13) 定袖衩长点 Q：由 P 点垂直于②向右 8 cm 取点 Q 并画②的垂直线⑩为袖衩线。

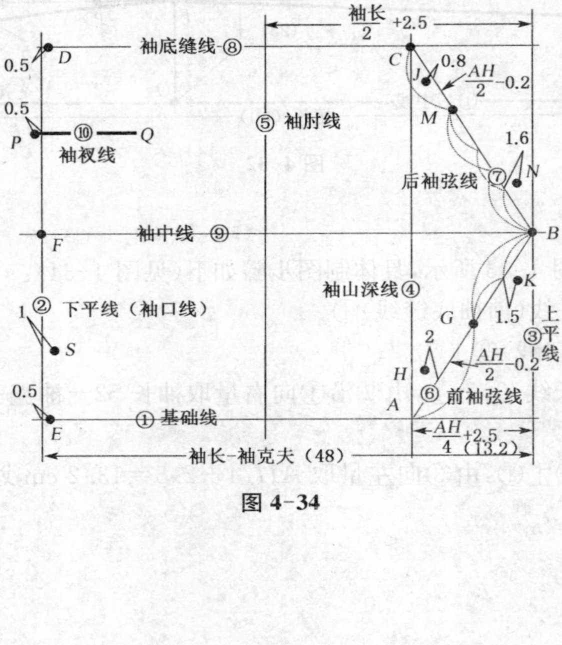

图 4-34

(14) 完成袖片制图：连接 $AHGKB$ 并画圆顺为前袖山头弧线；连接 $BNMJC$ 并画圆顺为后袖山头弧线；连接 CD 为后袖底缝；连接 DPF 并画圆顺为后袖口弧线；连接 FSE 并画圆顺为前袖口弧线；连接 EA 为前袖底缝；连接 PQ 为袖衩。完成袖片的制图，如图 4-35 所示。

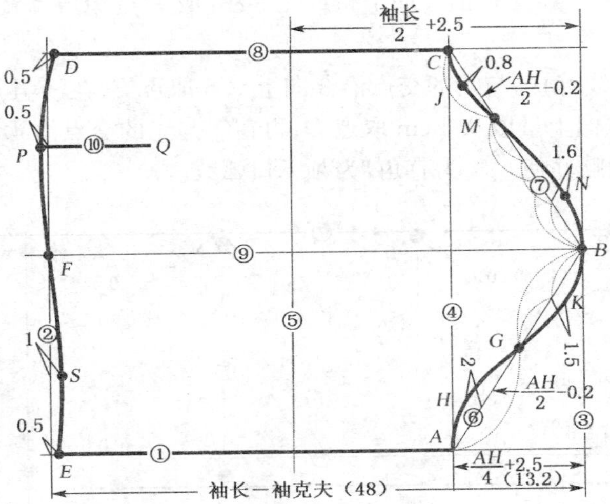

图 4-35

(15) 袖克夫：对折做，画 21 cm 长 8 cm 宽的长方形，如图 4-36 所示。

(16) 袖衩滚边条(袖衩条)：画 19 cm 长 4 cm 宽的长方形，如图 4-37 所示。

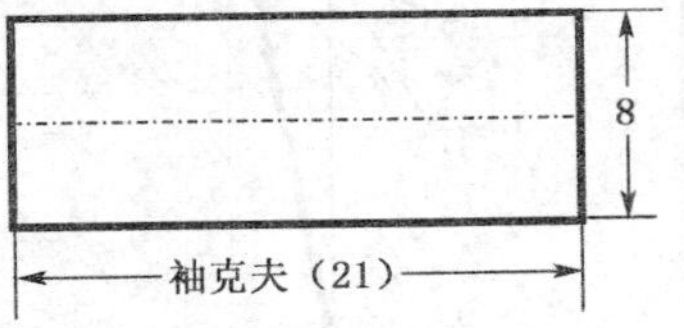

图 4-36

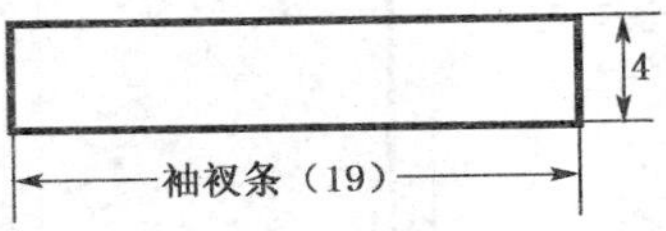

图 4-37

F. 领子制图：

领中的结构图如图 4-38 所示，具体制图步骤如下(如图 4-39)：

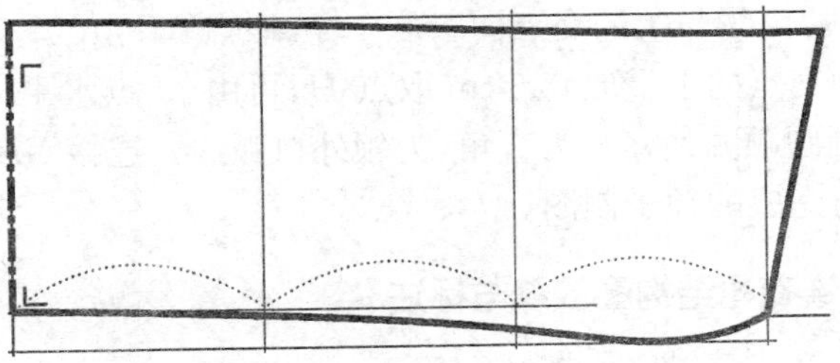

图 4-38

(1) 画基础线①。

(2) 画领中线②⊥①。

(3) 画领大线③⊥①:由②向右量取 $N/2=19$ cm 画①的垂线,即领大线③。

(4) 画等分线:将②与③之间的距离三等分,并分别画①的垂线④和⑤。

(5) 画后领中起翘线⑥//①:由①与②的交点沿②向上 1 cm 画①的平行线,且交②于 A 点,为后领中起翘点。

(6) 画后领宽线⑦:由 A 点沿②向上量取 7.5 cm 取 F 点为后领宽点,并画①的平行线为领宽线⑦。

(7) 画领下口弧线:由③与①的交点沿③向上 0.6 取点 B;在③与⑤的 1/2 处在①取点 C,再由①与⑤的交点向上量取 0.4 cm 取点 D;再在④与①的交点沿④向上 0.8 cm 取点 E,连接 BCDEA 点画圆顺并使∠A 为直角,为领下口弧线。

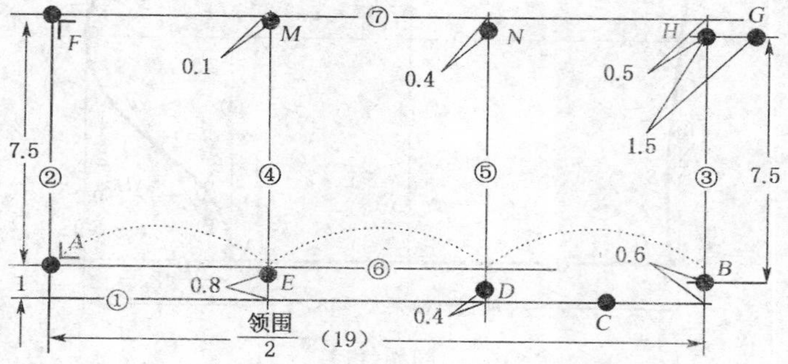

图 4-39

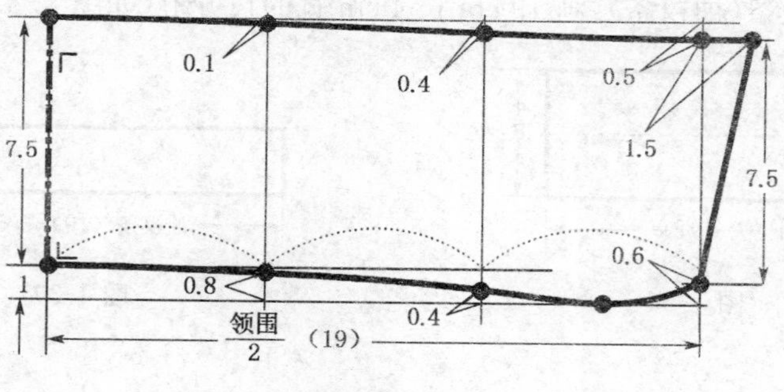

图 4-40

(8) 画领外口弧线:由④与⑦的交点向下 0.1 cm 取点 M;由⑤与⑦的交点向下 0.4 cm 取点 N;再由③与⑦的交点向下量取 0.5 cm 取点 H,再由 H 点水平向右量取 1.5 cm 取点 G,连接 GHNMF 点画圆顺并使∠F 为直角,为领外口弧线。连接 GB 并使 GB=7.5 cm 为领头。图 4-40 所示为完成的领子制图。

(三) 剪接腰围的连衣裙结构图放缝与标注

1. 前片放缝

领圈 0.8 cm,肩 1 cm,袖隆 1 cm,门、里襟褂面 5 cm,前侧缝 1 cm,前腰口线 1 cm。

2. 后片放缝

相同部位的放缝同前片;后中不放缝即后片为整片,如图 4-41 所示。

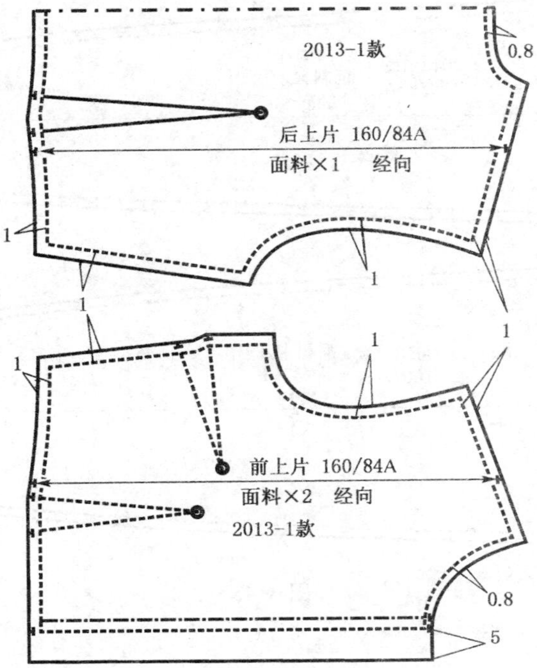

图 4-41

3. 前、后裙片的放缝

前、后裙中片的腰口放缝 1 cm，分割线处放 1 cm，下摆折边 3 cm。前、后中不放缝，即前、后片均为整片。前、后裙侧片的腰口放缝 1 cm，分割线处放 1 cm，下摆折边 3 cm。侧缝放缝 1 cm。如图 4-42、4-43 所示。

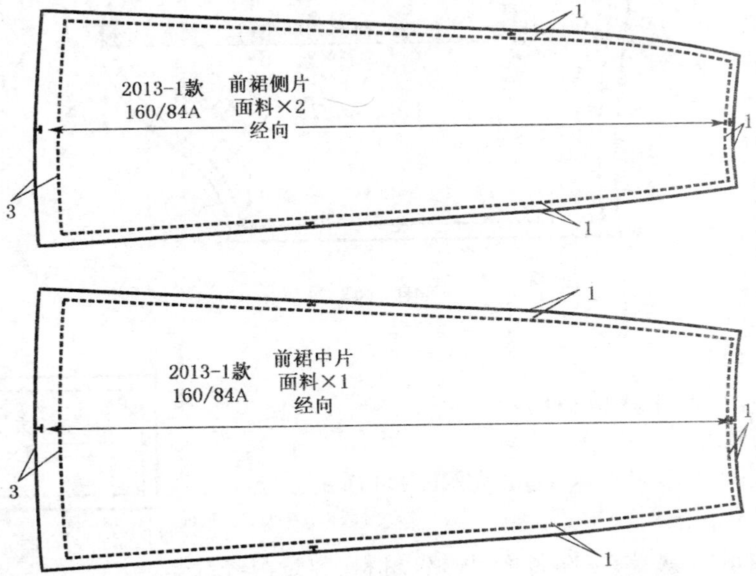

图 4-42

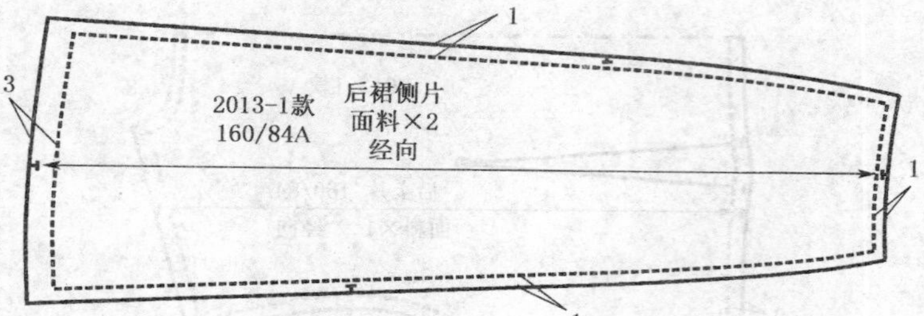

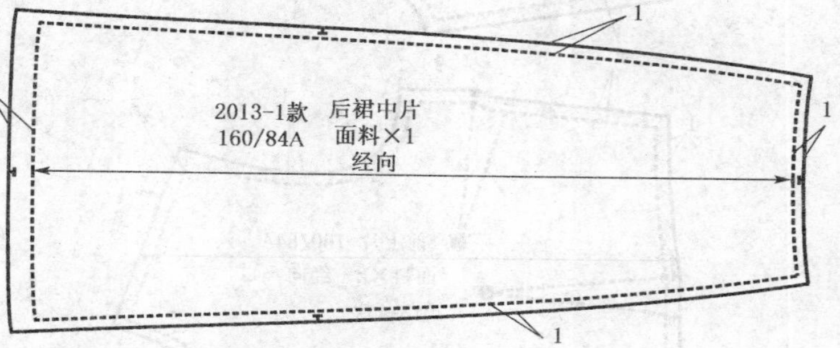

图 4-43

4. 袖子的放缝

袖山头弧线放缝 1 cm，袖底缝放缝 1 cm，袖口放缝 1 cm，如图 4-44 所示。

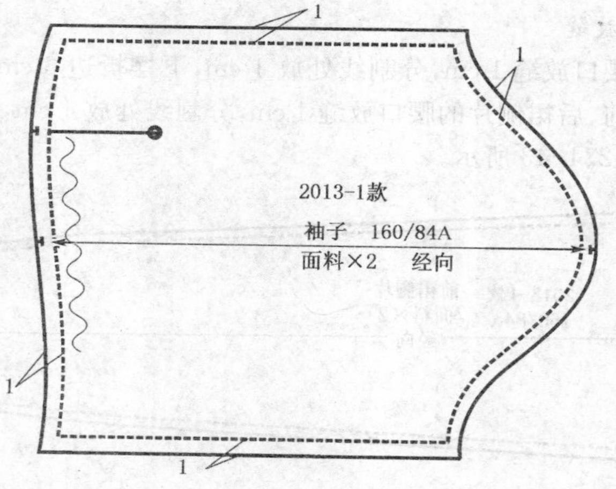

图 4-44

5. 袖克夫的放缝

四周各 1 cm，如图 4-45 所示。

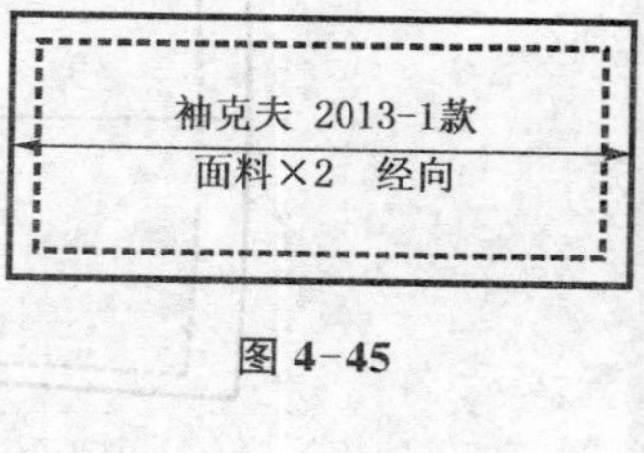

图 4-45

6. 领子的放缝

领圈 0.8 cm，其余三边各 1 cm，如图 4-46 所示。

7. 样板上的标注

样板上应标明：款号、零件名称、规格、材料、数量与经纬向（丝缕），具体标注如上图 4-41～图 4-46 所示。

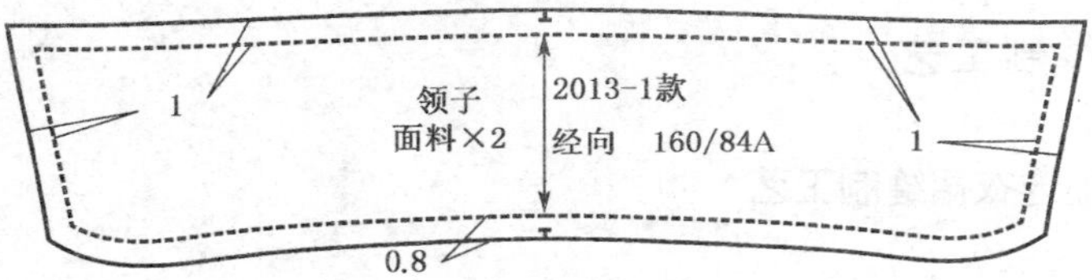

图 4-46

(四) 剪接腰围的连衣裙的配衬

1. 领子配衬

领子配衬可在面料毛缝的基础上四周扣掉 0.3 cm,两领尖处可按领子净缝线将领尖修掉,如图 4-47 所示。

2. 袖克夫配衬

袖克夫配衬可在面料毛缝的基础上四周扣掉 0.3 cm,如图 4-48 所示。

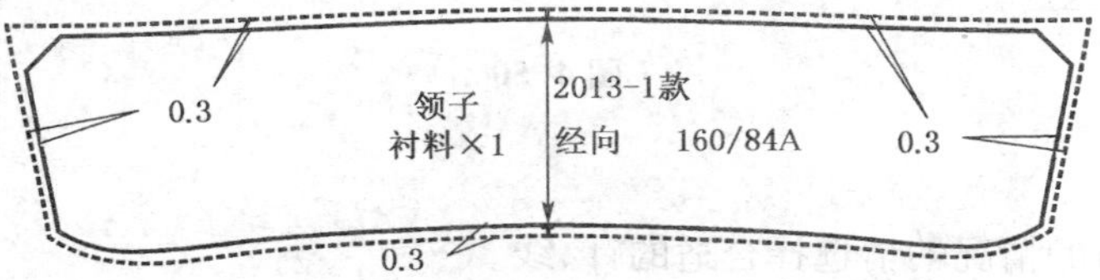

图 4-47

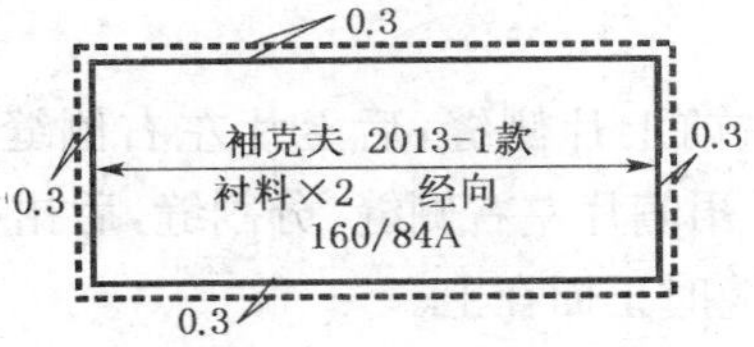

图 4-48

3. 配门、里襟衬

宽度比门、里襟折边的宽要窄 0.3 cm,长度比门、里襟毛长短 1 cm 左右。如图 4-49 灰色部分所示。

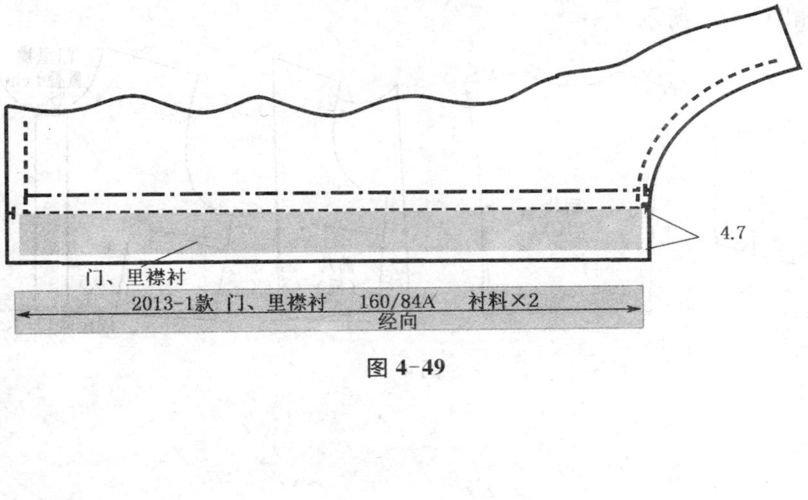

图 4-49

五、连衣裙缝制工艺

(一) 剪接腰围连衣裙缝制工艺

1. 烫衬

前片门、里襟褂面(折边)、领面、袖克夫烫贴 20 克左右的无纺热熔衬,如图 4-50 所示。

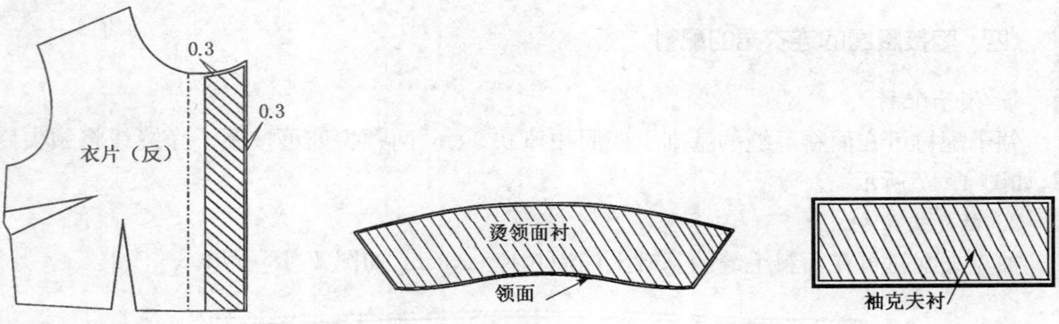

图 4-50

2. 用针、用线

根据所用面料的情况酌情选择合适的针、线。

3. 针距的要求

明暗线针距每 3 cm13 针左右。

4. 包缝

门、里襟褂面(折边),左右前上片侧缝,后上片左右侧缝,左右前裙侧片的侧缝、分割缝,前裙中片的左右分割缝,后裙侧片左右侧缝、分割缝,后裙中片的左右分割缝,左右袖底缝,均用三线包缝机包缝。包缝时正面在上。

5. 收前、后上片省

按省位点位净样板画前上片胸省、腋下省左右片各一个,后上片背中省左右各一个,并按画线收省。收省时要求省尖要尖,起落针时要打来回针。

6. 烫省

将前上片胸省向前中烫倒,将后上片的背中省向后中烫倒。再将前上片腋下省缝向袖窿方向倒,如图 4-51 所示。

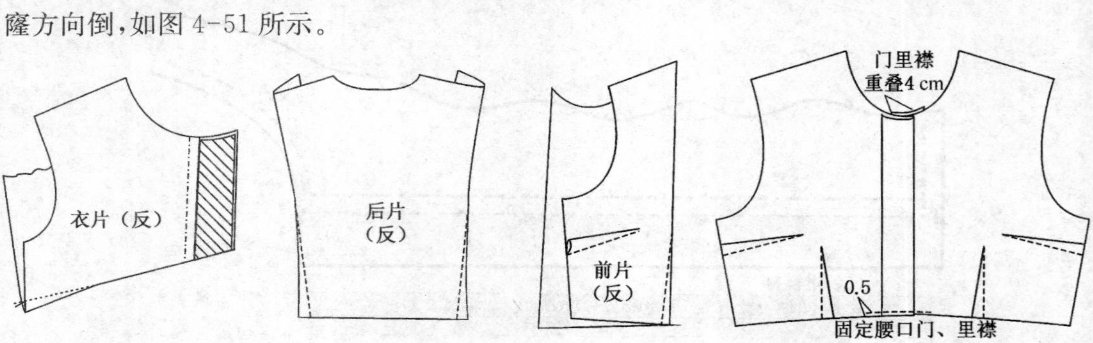

图 4-51

7. 前裙中片与前侧片、后裙中片与后侧片组合

将前、后片的裙中片的左右分割缝分别与裙侧片的分割缝拼缝，缝头 1 cm，起落针要打来回针。并将所有缝缝烫分缝。

8. 烫折门、里襟褂面(折边)

将门、里襟褂面(折边)，按门、里襟上、下剪口位向衣片的反面折烫 5 cm 宽。

9. 固定门、里襟腰口

将门、里襟重叠 4 cm 宽，即以叠门线重叠，再将其下口(腰口处)沿边 0.5 cm 缉线固定，如图 4-52 所示。

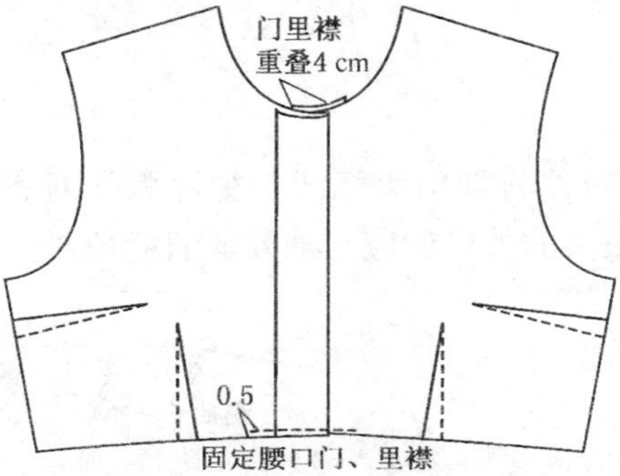

图 4-52

10. 组合前上、下片

将固定好门、里襟的左右前上片与前下片面面相对、反面朝上，对齐上、下腰口线缉缝，缝头 1 cm 宽。

11. 组合后上、下片

将后上片与后下片面面相对、反面朝上，对齐上、下腰口线缉缝，缝头 1 cm 宽。

12. 前、后片腰口线包缝

将缝合好的前、后片腰口线用三线包缝机包缝。包缝时，裙片缝头在上，衣片在下。

13. 合肩缝

将前后片肩缝面面相对，反面朝上，将前片放在上面缉缝，缝头 1 cm。缉缝时，前片肩缝可稍拉一点，使其与后肩缝一样长(后片微吃进)。

14. 包缝肩缝

前、后肩缝用三线包缝机包缝；包缝时，前片在上、后片在下。肩缝向后烫倒。

15. 烫袖衩条、做袖衩

将 3.9 cm 宽的袖衩条两边各折烫 0.9 cm，而后再对折扣 1 cm 宽，使袖衩条的面比里微窄 0.5～0.1 cm。

16. 做袖衩

将袖片的袖衩部位按样板长度剪开，并将袖衩条夹缝袖衩 0.5 cm，在衩中部转弯处将衩拉直，且夹入量减少至 0.3 cm 左右并沿顺至袖口处 0.5 cm。在袖子的反面，将袖衩两边对齐，在其转折处封 1 cm 长的三角封口，如图 4-53 所示。

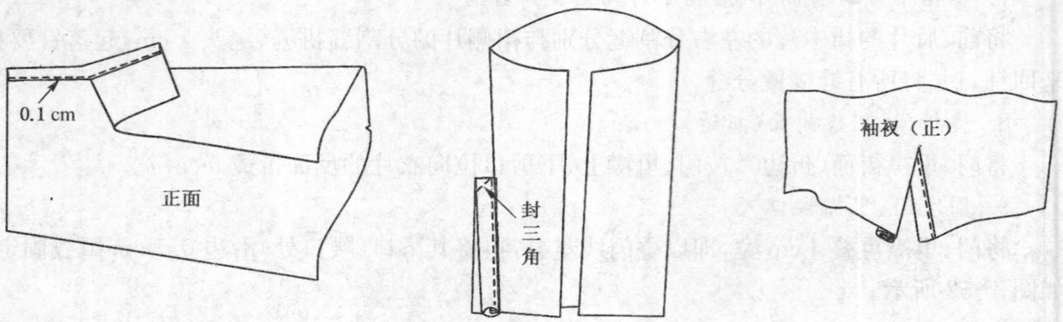

图 4-53

17. 绱袖子

将袖子与衣片面面相对，并将袖山头弧线与袖窿弧线对齐，袖子在上，袖窿在下缉缝，缝头 1 cm 宽。缉缝时，袖山头的剪口位应与袖窿的肩缝位对齐，如图 4-54 所示。

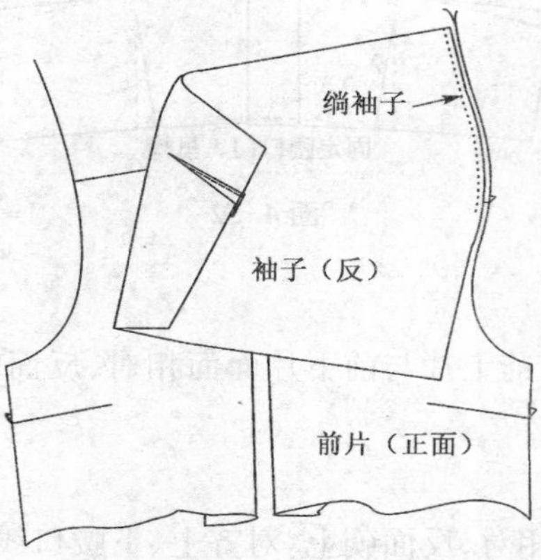

图 4-54

18. 袖山头包缝

将绱好的袖子袖山头在下、衣片在上用三线包缝机包缝。包缝时，切刀允许切掉 0.3 cm。

19. 合袖底缝、摆缝

将前、后袖底缝、摆缝对齐，缉缝，缝头 1 cm，缉缝时，袖窿底缝的十字缝要对齐，缝头向上倒。在缉缝到左侧缝时，在左侧缝上、下口拉链位打来回针封口以备装拉链之用。

20. 袖底缝、摆缝缝头烫分缝

将袖底缝、摆缝的缝头用蒸汽熨斗烫分开（烫分缝）。

21. 装拉链

用隐形拉链压脚或单边压脚在左侧缝拉链开口处开始装隐形拉链。先将拉链的正面与衣片缝头的正面相对，拉链的反面朝上，沿拉链齿根部从袖窿拉链封口处向臀围封口处将前身拉链缝合。缝合时，拉链微带紧，可超过封口位 1～2 cm（为了装好的拉链前、后身平服，可在拉链上与前、后片上做出相应的对位点）。用同样的方法，将后衣身与拉链放平，拉链反面向上、衣片反面向下将另一边拉链与后身缝头由臀围封口处向袖窿封口处缝合。腰缝的缝头向上倒，如图 4-55 所示。

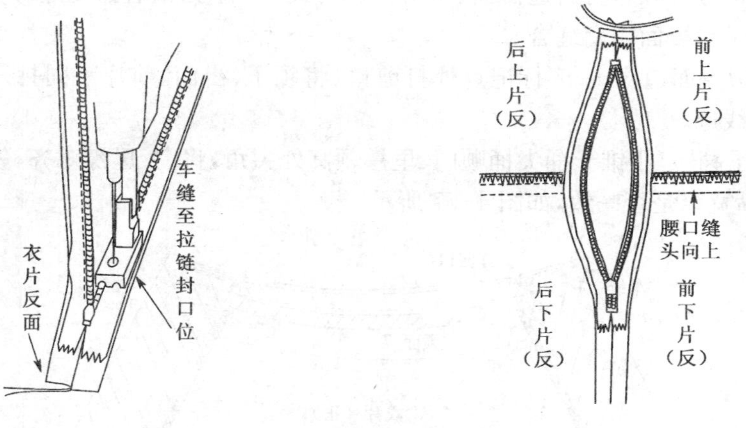

图 4-55

22. 做领子

(1) 在领里上按净样板画线，将领里放在领面的上面，沿领里画线勾缝领子，注意：勾缝前要将领里修剪得除领下口弧线外的其他三周比领面略小 0.2 cm。

(2) 在勾缝到领角约 4 cm 处，要将领里拉紧，将领面大出的部分均匀吃进（领的两头做法一致），使做好后的领子领里紧、领面松，领面产生自然向里卷曲的窝势。

(3) 将缉好的领子修剪毛头至 0.5 cm，两领角处将尖角剪去（不能剪到线），将领子缝头向领里方向扣烫，扣烫时要将缉线扣过 0.15 cm；将领角扣烫尖。用手捏住领尖，将领角翻出，并用锥子捅尖。而后将领里朝上，将缝头烫好（烫时，领里约吞进 0.15 cm）。

(4) 烫好后，将领子对折，领头对齐；领下口线按净样板修剪，预留毛头 0.8 cm（同领窝缝头）。将对折的领子在领中点打一剪口位，在左右肩缝处也打一剪口位，如图 4-56 所示。

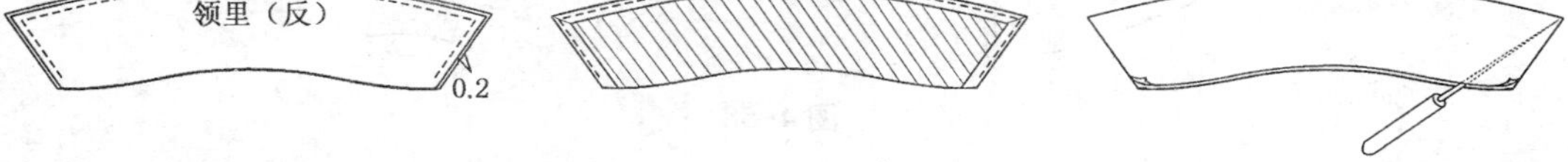

图 4-56

23. 绱领子

(1) 将烫折好的门、里襟褂面的领口处向正面翻转，使其反面向上并画出搭门的剪口位以及距褂面边缘 1 cm 的剪口位，从左前片开始绱领。

(2) 将领子正面朝上，领子夹在前片与褂面的中间，对准搭门剪口位，从里襟止口位开始，按领窝毛头勾缝 0.8 cm；勾到距褂面边缘 1 cm 处，打来回针固定。并在 1 cm 处打一剪口（将领子、褂面、前片一同打），剪口不能超过打来回针的线迹。

(3) 在剪口处将领面的缝头向里面折进并继续将领里的缝头与领窝勾缝 0.8 cm 至右搭门处，注意肩缝与后中的相应的剪口位要对准，肩缝的缝头倒向后身。右领里下口应对准右搭门剪口位。

(4) 将右片的门襟褂面按门襟止口的剪口位折转褂面宽 5 cm，在距褂面边缘 1 cm 处用画粉画出剪口记号，而后，将右边褂面、领面、领里和领窝重合，沿着褂面边缘 1 cm 处的标记点将右边的领子与褂面领窝缝合。

(5) 在右边褂面边缘 1 cm 标记点处打剪口(将领子、褂面、前片一同打)。剪口不能超过打来回针的线迹。

(6) 将领子翻转，用锥子捅尖捅顺门、里襟领窝处尖角，将门、里襟对齐，领子两头对齐，检查领角、领嘴宽窄是否一致，如图 4-57 所示。

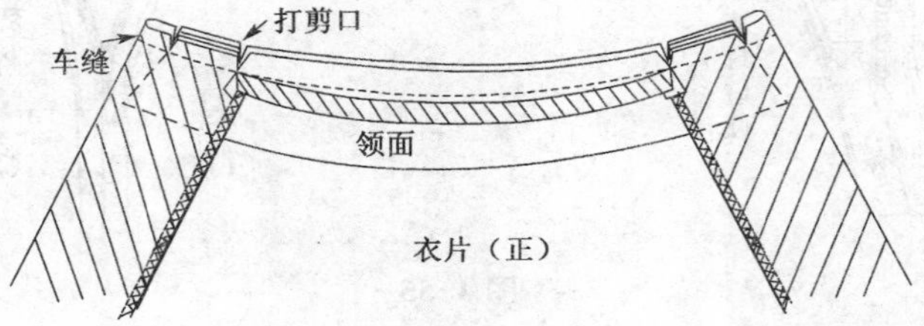

图 4-57

(7) 缉压领面：将领面下口缝头扣进 0.5 cm，领面朝上，将褂面剪口处的缝头塞入领窝、理平，沿剪口位缉压领面下口明线 0.1 cm。缉压时，要盖住领里的缝线，领里要带紧，领面要吃进一些(因为领面略大于领里)，如图 4-58 所示。

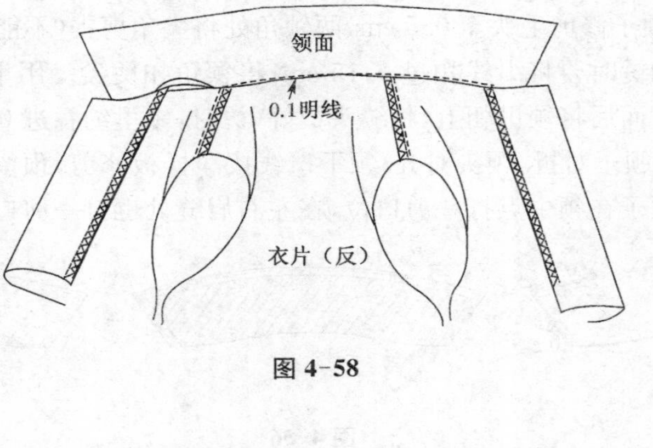

图 4-58

24. 做袖克夫

(1) 将袖克夫面的下口向反面折烫毛头 1 cm，再用袖克夫扣烫净样板折扣袖克夫面宽 4 cm。

(2) 将扣烫好的袖克夫的面与袖克夫里翻转，正面相对，按克夫长两头画线并缉缝(起落针时要打来回针)；再将袖克夫两头向里扣倒 0.15 cm 并翻转至正面，在袖克夫里的正面将袖克夫的里吞进 0.05 cm 并烫平服。

(3) 沿袖克夫面的下口在袖克夫里下口的反面画线，修剪袖克夫里，使其留缝头 1 cm，如图 4-59 所示。

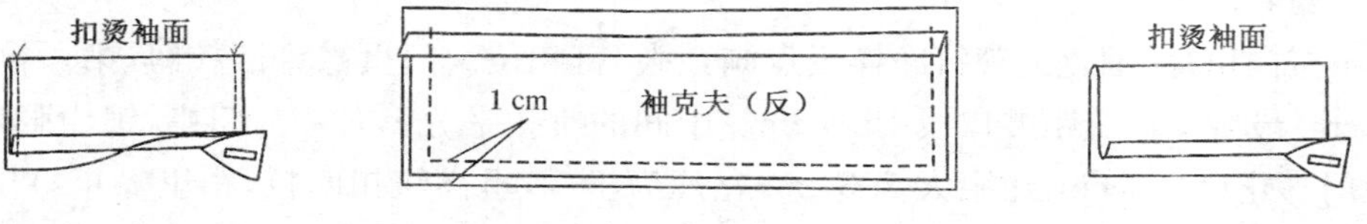

图 4-59

25. 绱袖克夫

(1) 收袖口：将前袖衩滚边条向袖口内折转，距袖口边 0.5 cm，用最大针距沿袖口缉一圈，并将袖口均匀抽缩至与袖克夫一样大小。

(2) 将袖克夫里的正面与袖口的反面相对，袖克夫在上，袖克夫头微向里缩进 0.15 cm，将袖克夫的里与袖口缝合毛头 1 cm，起落针时要打来回针。注意袖底缝的缝头倒向后袖。袖克夫另一头的做法与此相同，如图 4-60 所示。

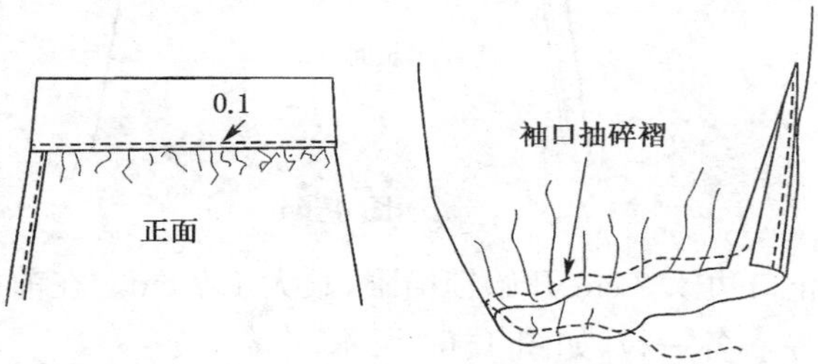

图 4-60

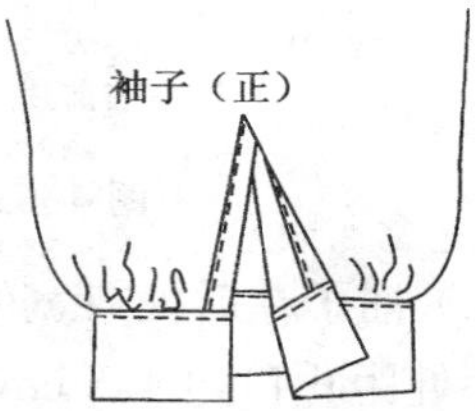

图 4-61

(3) 将袖克夫的两头向正面包实，在正面下口缉压 0.1 cm 的明线，注意，明线一定要盖住暗线。两袖克夫的做法相同，如图 4-61 所示。

26. 烫折下摆、缉压下摆明线

(1) 将门、里襟下摆位按褂面宽 5 cm 烫折平服。

(2) 将前后片下摆烫折毛头 1 cm，而后再向上烫折 2 cm，注意烫折宽度要一致，面里要平服。

(3) 沿卷边上口止口位缉压 0.1 cm 明线，注意起落针时要打来回针，面、里要拉平服，不能扭曲，侧缝缝头烫分缝，如图 4-62 所示。

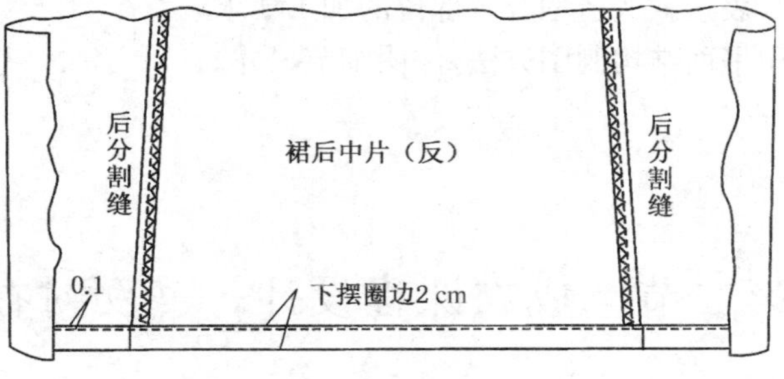

图 4-62

27. 锁钉

(1) 按门里襟、袖克夫锁钉净样板点画锁眼、钉扣位。门里襟订四粒纽，第一粒纽距领窝 1.7 cm；最后一粒纽距腰口线 10.5 cm。中间的纽扣平分。右片为门襟，锁横眼，纽眼起始位距门襟止口 1.7 cm，纽眼大 2.3 cm；左片为里襟，里襟纽扣四粒，距里襟止口位 2 cm，如图 4-63 所示。

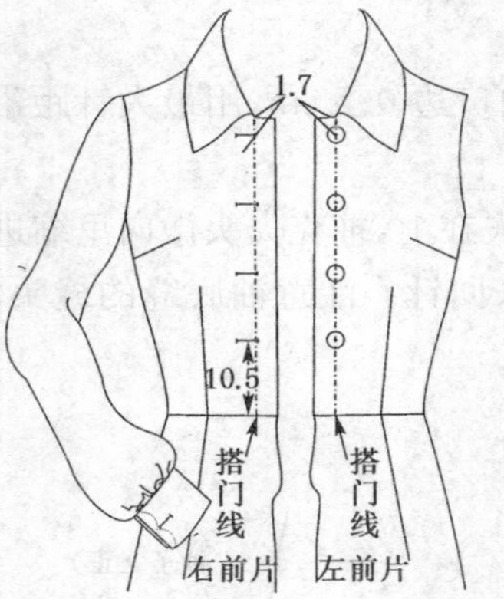

图 4-63

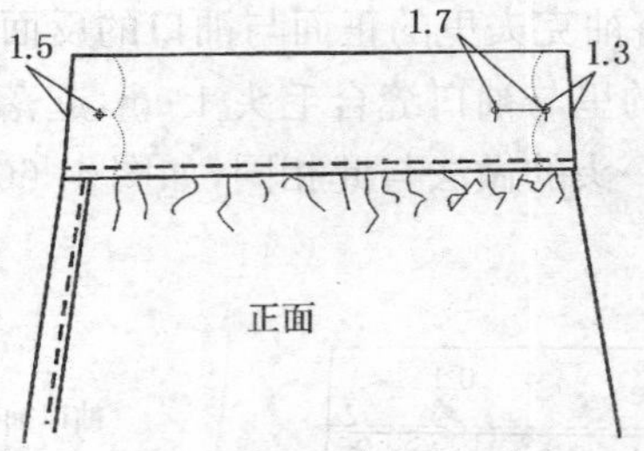

图 4-64

(2) 袖子在后袖口宽的 1/2 处距止口边 1.3 cm 开始锁横眼，眼大 1.7 cm。在前袖口宽的 1/2 处距止口边 1.5 cm 处钉纽扣，左右各一粒，如图 4-64 所示。

(3) 钉扣每眼不低于 6 根线，要钉牢。

28. 整烫

(1) 整烫的顺序是：门、里襟—侧缝—前、后省位—肩缝—领里—前、后身—腰口—下摆—袖底缝—袖克夫—后领翻折线。

(2) 全衫各部位要烫平整，无褶折。如用电熨斗，则熨斗温度要适宜。

（二）工艺文件

连衣裙课程设计的工艺文件具体要求如下：

(1) 设计效果图，配 150 字左右的设计说明，包括设计构思、廓形、结构、面料、色彩、配饰等方面。

(2) 款式设计图，表达款式造型及各部位的加工要求。

(3) 结构图，采用平面结构制图方法，注明细节尺寸。

(4) 制作工艺文件。

(5) 附成品照片。

第二节　成衣课程设计——女衬衫

本课程设计主要在分析女上衣基本款的样板制作的基础上，进一步剖析女上衣变化款的样板制作，通过一系列实际操作案例的介绍，在实践中具体、形象地展示典型女上衣的样板制作。

一、方领女衬衫

（一）方领女衬衫的款式图与款式特征

1. 方领女衬衫的款式图（如图 4-65）

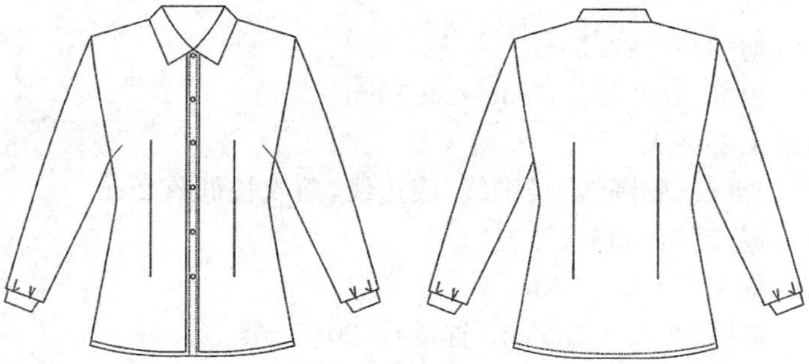

图 4-65　女衬衫款式图

2. 方领女衬衫的款式特征

小方领；前中开襟钉纽扣 6 粒，明门襟，左右设腋下省，腰省；后片左右设腰省，侧缝腰节处略收腰；一片式装袖型长袖，袖口装袖克夫，克夫钉纽扣一粒。

（二）方领女衬衫主要部位规格控制要点

1. 衣长规格控制要点：衣长主要与款式变化有关，衣长属于变化较大的部位，此款衣长适中。

2. 胸围规格控制要点：胸围的控制量与服装的合体程度有关，属变化较大部位。此款属于较合体型服装，胸围的放松量为 8～12 cm。

3. 腰围规格控制要点：腰围的控制量与服装的合体程度有关，属变化部位。此款属于较合体型服装，胸、腰差控制在 12～16 cm。

4. 领围规格控制要点：领围在基本型领圈上，根据款式要求做相应变化，属变化部位。此款与基本领围接近。

5. 肩宽规格控制要点：肩宽与人体有密切的关系，一般以净肩宽加上 0～1 cm，属基本变化部位。

6. 腰节高规格控制要点：腰节与人体的身高有关，属微变部位。

（三）方领女衬衫的设定规格

单位：cm

号型	部位	衣长	胸围	腰围	肩宽	领围	袖长	背长
160/84A	规格	62	94	80	38	36	56	38

（四）方领女衬衫的结构分解图

1. 后片结构图主要公式

（1）后衣长：62 cm

（2）背长：38 cm

（3）袖窿深：胸围/5＋5＝23.8 cm

（4）后肩宽：肩宽/2＝19 cm

（5）后胸围大：胸围/4＝23.5 cm

（6）后腰围大：腰围/4＋2＋2.5 cm＝24.5 cm

2. 前片结构图主要公式

（1）延长后片上平线、胸围线、腰围线、底边线，前衣长低落 2 cm

（2）前肩宽：肩宽/2＝19 cm

（3）前胸围大：胸围/4＝23.5 cm

（4）前腰围大：腰围/4－2＋2.5 cm（省量）＝20.5 cm

3. 前后片结构图，如图 4-66 所示。

4. 领子结构图，如图 4-66 所示。

5. 袖子结构图，如图 4-67 所示。

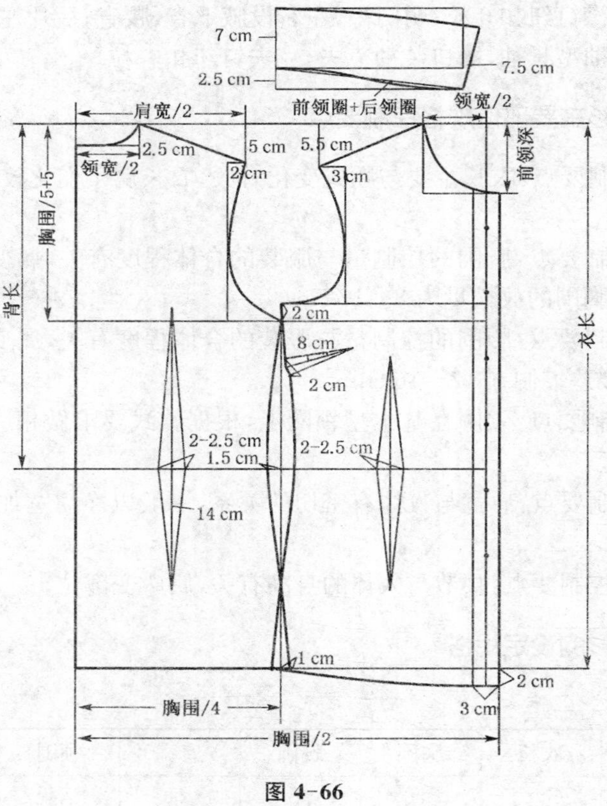

图 4-66

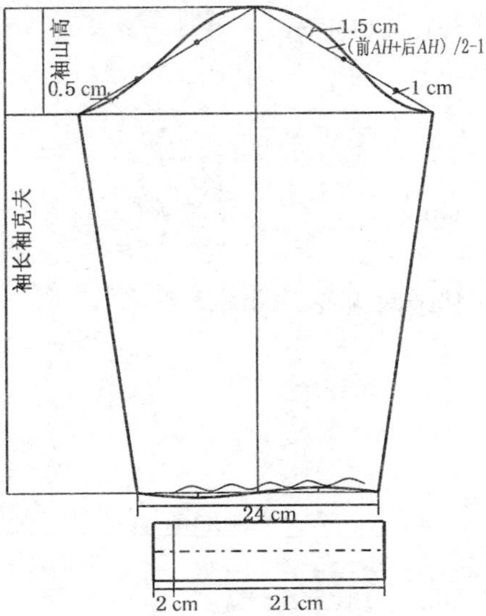

图 4-67

(五) 方领女衬衫结构图放缝

方领女衬衫结构图放缝,如图 4-68、4-69 所示。

1. 前片的放缝

领圈 0.8 cm,肩 1 cm,袖窿 0.8 cm,前中 1 cm,侧缝 1 cm,底边 2 cm。

2. 后片的放缝

同前片。

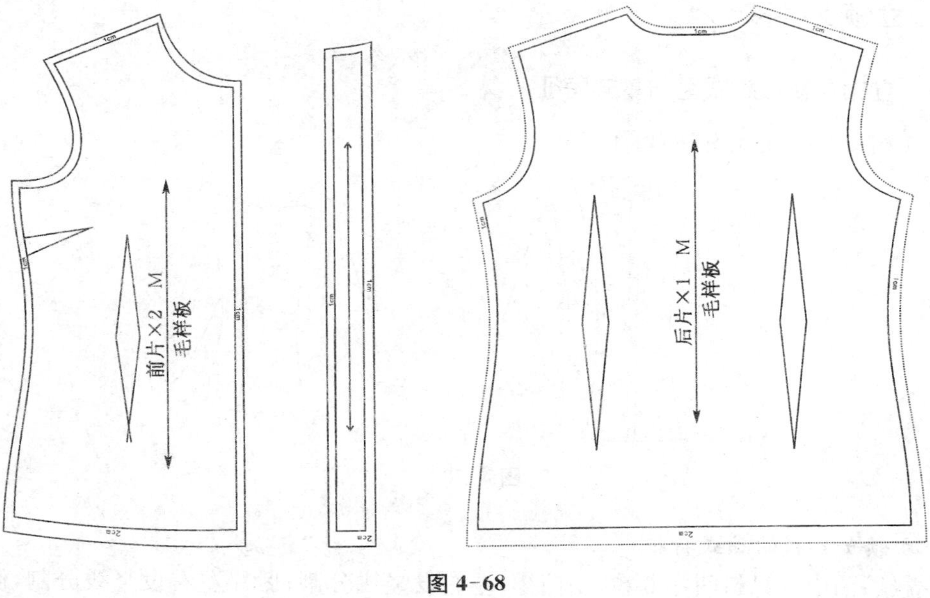

图 4-68

3. 袖子的放缝

袖山弧线 0.8 cm，袖侧缝 1 cm，袖口 1 cm。

4. 袖克夫的放缝

四周各 1 cm。

5. 领子的放缝

领圈 0.8 cm，其余三边各 1 cm。

6. 门襟的放缝

领口处 0.8 cm，底边 2 cm，其余两边各 1 cm。

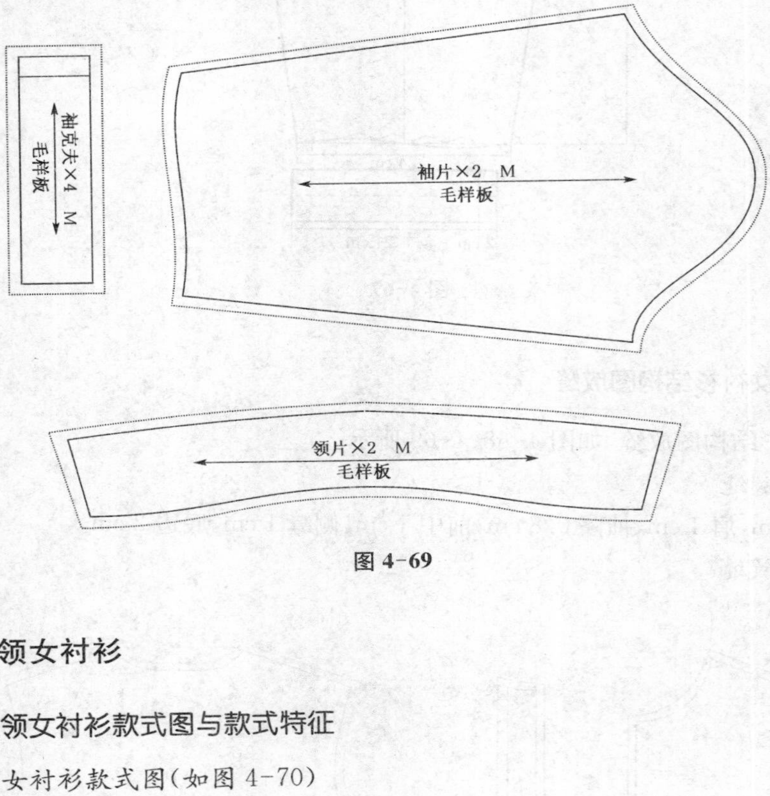

图 4-69

二、立领女衬衫

（一）立领女衬衫款式图与款式特征

1. 立领女衬衫款式图（如图 4-70）

图 4-70

2. 立领女衬衫的款式特征

小立领；前中开襟钉纽扣 6 粒，明门襟，左右设竖线分割；后片左右设竖线分割，侧缝腰节处略收腰；一片式装袖型长袖，袖口装袖克夫，克夫钉纽扣一粒。

（二）立领女衬衫的设定规格

单位：cm

号型	部位	衣长	胸围	腰围	肩宽	领围	袖长	背长
160/84A	规格	62	94	80	38	36	56	38

（三）立领女衬衫的结构分解图

1. 后片结构图主要公式

(1) 后衣长：62 cm

(2) 背长：38 cm

(3) 袖窿深：胸围/5＋5＝23.8 cm

(4) 后肩宽：肩宽/2＝19 cm

(5) 后胸围大：胸围/4＝23.5 cm

(6) 后腰围大：腰围/4＋2＋2.5 cm＝24.5 cm

2. 前片结构图主要公式

(1) 延长后片上平线、胸围线、腰围线、底边线，前衣长低落 2 cm

(2) 前肩宽：肩宽/2＝19 cm

(3) 前胸围大：胸围/4＝23.5 cm

(4) 前腰围大：腰围/4－2＋2.5 cm(省量)＝20.5 cm

3. 前后片结构图，如图 4-71 所示。

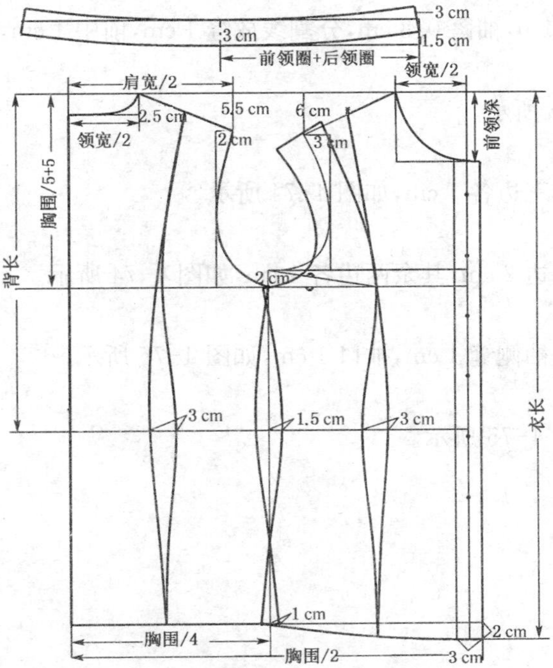

图 4-71

4. 领子结构图，如图 4-71 所示。

5. 袖子结构图，如图 4-72 所示。

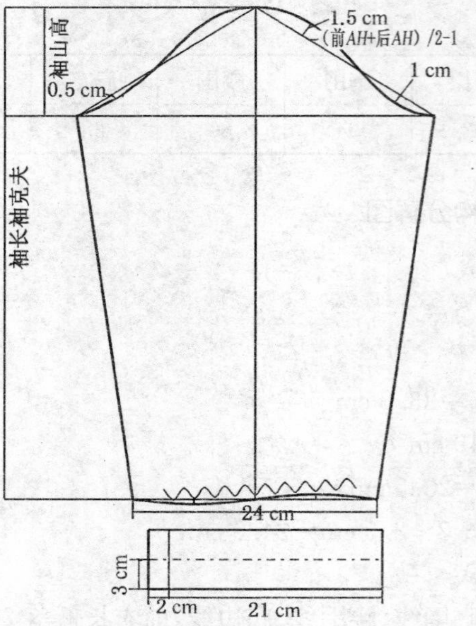

图 4-72

（四）立领女衬衫结构图放缝

1. 前片的放缝

领圈 0.8 cm，肩 1 cm，袖窿 0.8 cm，分割线放缝 1 cm，前中 1 cm，侧缝 1 cm，底边 2 cm。

2. 后片的放缝

同前片，如图 4-73 所示。

3. 领子的放缝

领圈 0.8 cm，其余三边各 1 cm，如图 4-74 所示。

4. 门襟的放缝

领口处 0.8 cm，底边 2 cm，其余两边各 1 cm，如图 4-74 所示。

5. 袖子的放缝

袖山弧线 0.8 cm，袖侧缝 1 cm，袖口 1 cm，如图 4-75 所示。

6. 袖克夫的放缝

四周各 1 cm，如图 4-75 所示。

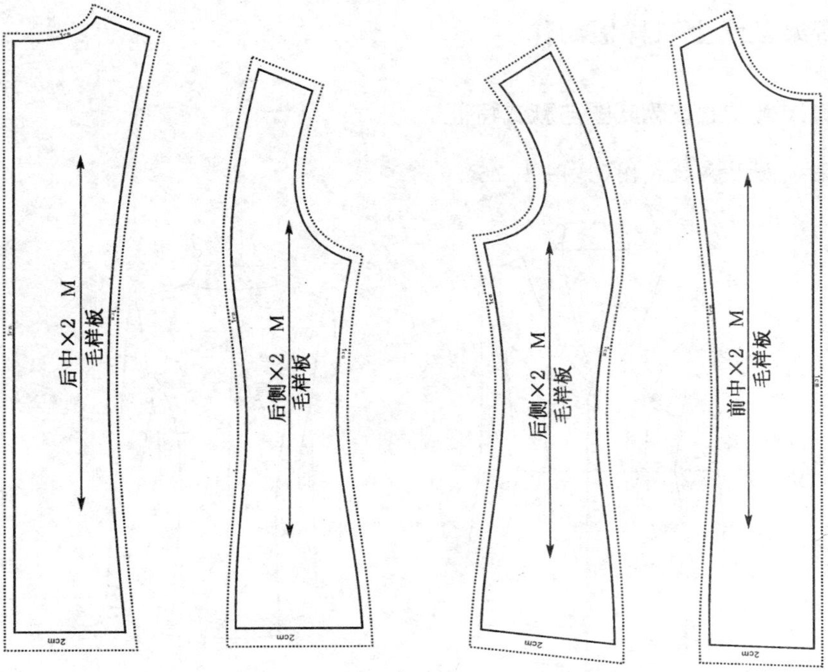

图 4-73

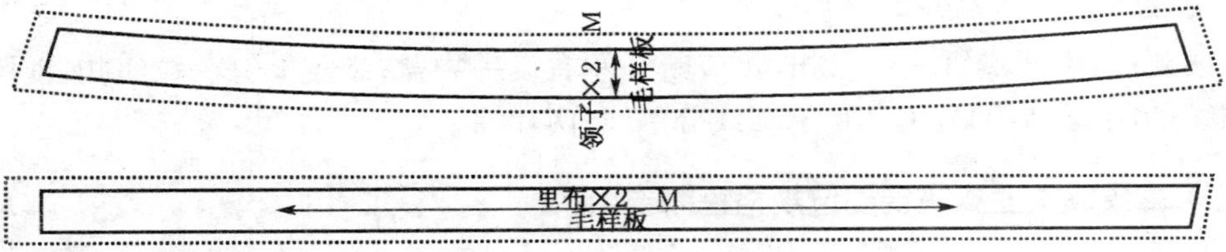

图 4-74

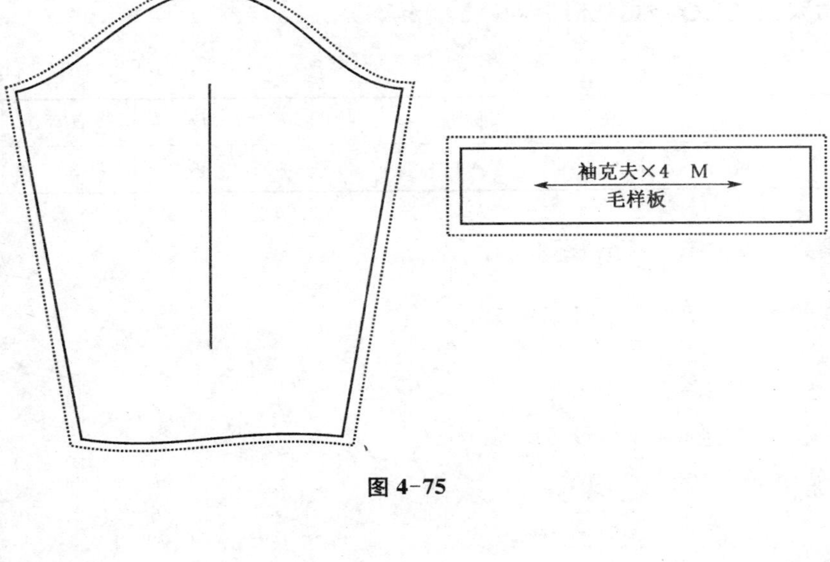

图 4-75

三、青果领女上衣样板制作

（一）青果领女上衣款式图与款式特征

1. 青果领女上衣款式图（见图 4-76）

图 4-76

2. 青果领女上衣的款式特征

青果领；前中开襟钉三粒纽扣，腰节断开左右设一袋盖，袋盖上钉一粒纽扣，前胸有弧线分割线；后中设背缝，左右两侧有弧线分割线；两片袖。

（二）青果领女上衣主要部位规格控制要点

参考方领女衬衫部分。

注意：此款衣长略偏长；前片腰节下方衣摆为整片，摆围略微放大。

（三）青果领女上衣设定规格

单位：cm

号型	部位	衣长	胸围	腰围	领围	肩宽	袖长
160/84A	规格	68	94	78	36	39	57

（四）青果领女上衣结构分解图

1. 青果领女上衣前片结构图主要公式

（1）衣长：68 cm 。

（2）腰节长：号/4＝40 cm。

（3）袖窿深：1.5 胸围/10＋9.5＝23.6 cm。

（4）肩宽：肩宽/2＝19.5 cm。

(5) 前胸围大:胸围/4＝23.5 cm。

2. 青果领女上衣后片结构图主要公式

(1) 延长前片上平线、胸围线、腰围线、底边线。

(2) 后胸围大:胸围/4＝23.5 cm。

(3) 后底摆抬高 1 cm。

3. 前后片结构图,如图 4-77 所示。

4. 袖片结构图,如图 4-78 所示。

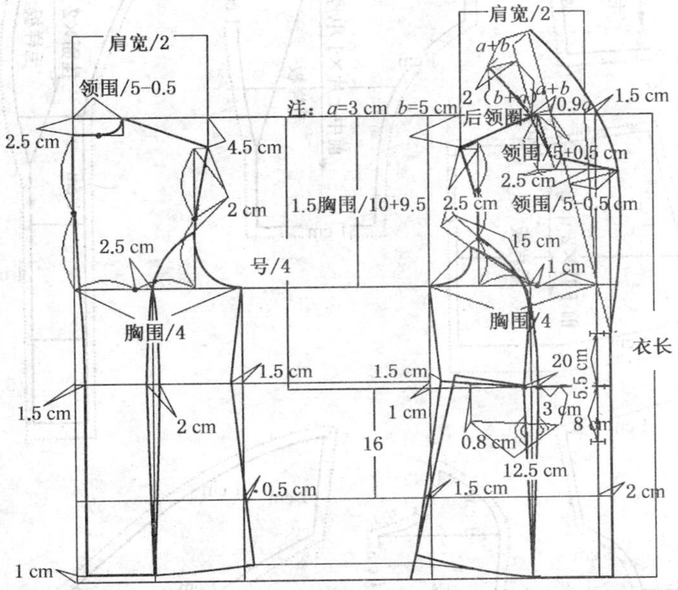

图 4-77

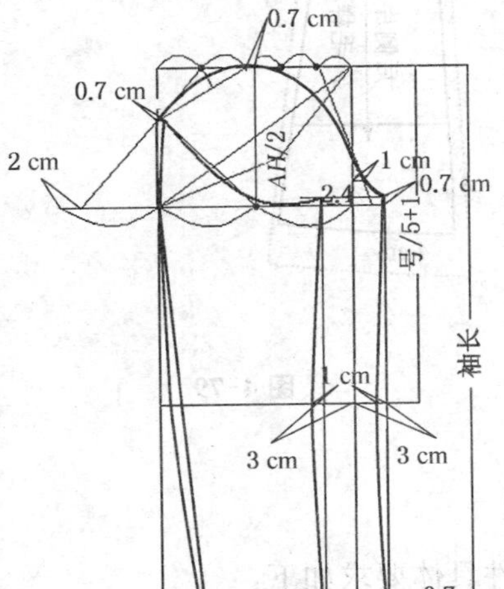

图 4-78

（五）青果领女上衣结构图放缝

青果领女上衣结构图放缝，如图 4-79 所示。

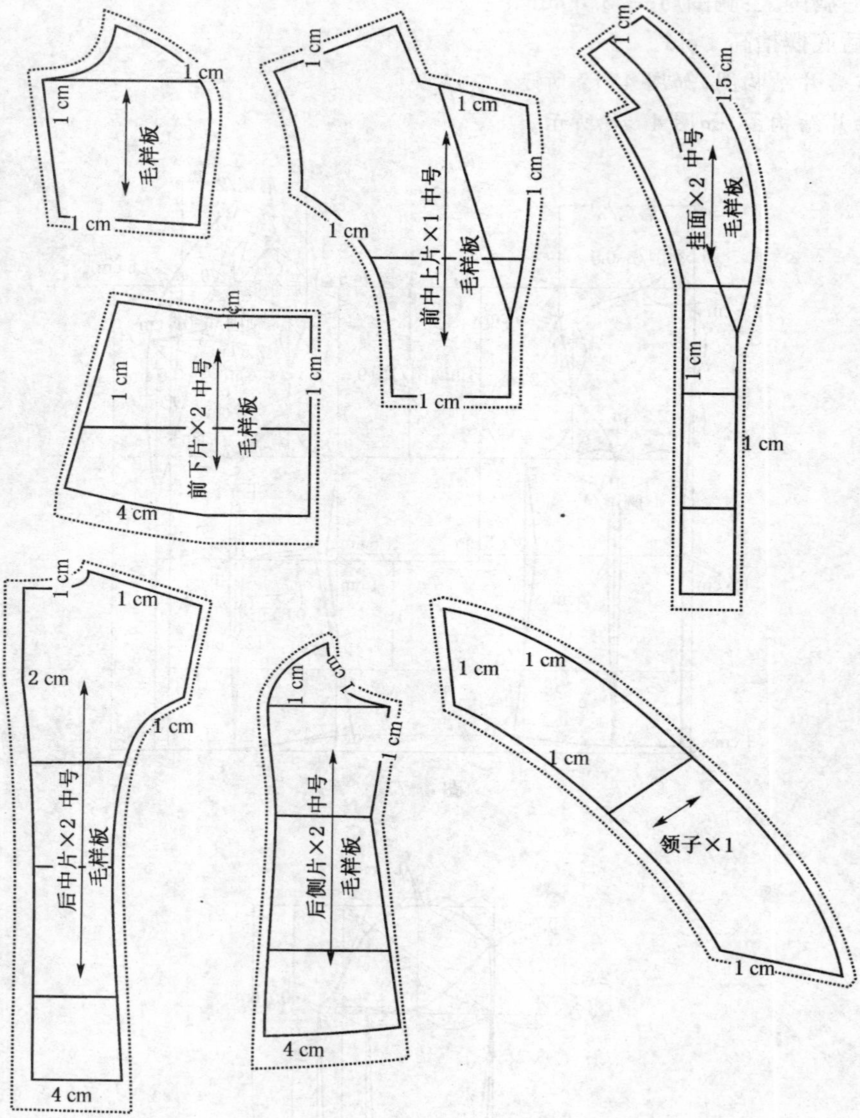

图 4-79

四、工艺文件

成衣课程设计的工艺文件具体要求如下：

(1) 设计效果图，配 200 字左右的设计说明，包括设计构思、廓形、结构、面料、色彩、配饰等方面。

(2) 款式设计图，表达款式造型及各部位的加工要求。

(3) 结构图，采用平面结构制图方法，注明细节尺寸。

(4) 排料图，按照排料原则进行面料、里料样板排料，注明材料的利用量，单位为米。

(5) 按照细分工序，编制工艺流程图。

(6) 附成品照片，面料、里料小样，测试面料、里料受湿热的缩率。

第五章 毕业实习

章节提示：毕业实习是高等学校教学过程的重要环节之一。本章主要讲述了实习准备、实习计划的制订、实习的开展等内容。

第一节 毕业实习概述

一、毕业实习的目的与要求

毕业实习是一门具有专业特点的综合实践性课程，其目的是结合大学阶段所学知识，对具有代表性的城市进行服饰、面料流行信息调研，分析、总结流行信息，并在服装公司进行实习，全面了解服装生产状态、生产流程、生产工艺、销售状况等企业信息。通过实习培养学生创新与创业意识，是进行基本技能综合训练不可缺少的一个重要教学环节。

二、毕业实习的内容

市场调研要求：

(1) 选择有典型代表的大城市进行市场调研，时间不少于 2 周；

(2) 对服饰流行信息和面料流行信息进行认真、细致的调研工作；

(3) 对服装品牌进行市场调查，分析其品牌风格、款式特征、色彩特征、销售对象等；

(4) 写出调研报告。

公司实习要求：

(1) 选择相关的典型服装企业进行实习；

(2) 熟悉服装企业的设计流程、生产流程、生产工艺等设计、生产环节；

(3) 结合实习公司了解新面料、新科技、新工艺在服装企业的应用；

(4) 写出实习日记，每周至少两篇，并要有公司鉴定意见。

第二节 实习准备

一、实习动员与安全教育

通过动员，使学生了解实习的目的、任务、内容、方法、要求与时间安排等。同时，在实习前认真组织师生学习实习教学大纲，按实习教学大纲的要求，指导教师编写实习教学日历，落实实习计划；还要向学生进行纪律教育、安全教育及保密教育等。

二、毕业实习中的注意事项

实习对于大学生来说既是机遇也是挑战。因为实习要面临新的环境、新的人际圈，新的困难和问题。那么，如何才能安心稳定地度过实习期呢？

1. 工作主动性要强

刚入职的新员工或实习生，往往理论知识强，实践经验少，为了快速进入工作状态，尽快熟悉工作，就需要自己自发地主动多做工作。

2. 遇事要思考，着装要得体

遇事要思考，不要事事请示领导，在工作中事事请示领导会让领导感觉你没有思想，甚至只是领导的代用工具，后果不堪设想。还有，不管在什么单位实习，着装都要求得体大方。在实习面试阶段，最好能着正装，以显示对单位的重视和对面试官的尊重。在实习单位实习的前几天，要主要学习该单位的规章制度及着装要求。

3. 要处理好实习生之间的关系

首先应该把其他实习生看成队友。现在很多单位都强调团队精神，需要组成团队来完成任务。另外，刚到实习单位，对很多东西不了解，实习生可以自由地交流实习中遇到的问题和困惑，这对于尽早进入状态是很有好处的。同时，实习过程中也存在实习生之间的竞争，应该争取表现得更优秀一些。

4. 要学会与人沟通

做好一份工作离不开好的沟通技巧。当然沟通分为很多种，包括语言沟通、身体语言沟通，以及现在的以网络为载体的沟通。语言的沟通要做到“言之有物（即说话力求有内容）、言之有情（即说话要真诚坦荡）、言之有礼（即言谈举止要有礼貌）、言之有度（即说话要有分寸感）”。身体语言沟通时要注意站姿（坐姿）要端正、手势要适宜以及面带微笑。网络形式沟通时，如果电子邮件数量比较多，需要对电子邮件的轻重缓急排序，然后按顺序进行处理。另外更重要的是，不仅仅是把电子邮件、短信发出去，还要确保信息到达对方并收到对方的回复。也就是说，我们不仅要确保事情做了，还要确保事情做完后的效果。这样才能确保在事情很多的情况下很好完成任务。

5. 态度要端正

态度决定一切。没有一个好的态度，就不可能有好的结果。不管在哪种单位实习，都应该把它当成是很重要的单位。实习过程中态度必须认真，积极上进，同时又谦虚做人、勤奋做事。实习过程中，作为新手，必须从零开始，虚心学习，细心观察，不懂的东西要多问，交办的事情要按时完成。做事要有恒心，再苦再累再烦琐，也要把它做好。

6. 要学会正确看待和处理工作中遇到的困难

实习过程中，对于上级交代的任务，可能会出现当时并没想到困难就很快答应，而在实际工作的中途遇到困难的情况。对于这种情况，不应该犹豫，必须及时并如实地向上级反应。一般来说，只要遇到的困难是合情合理的，上级都不会批评，而会用他们自己的经验，积极指导你如何解决这个问题。

三、实习准备

1. 实习前的心理准备

实习前，学生往往对实习的工作和生活理想化、浪漫化。对远离家人、初入社会而可能遇到的种种困难、问题与不适应缺乏心理准备，以至在实习工作中偶有小挫折，稍遇不适应，就灰心丧气，有的甚至严重影响了正常的实习工作。因此，做好实习前心理准备教育，是完成毕业实习任务的前提。

(1) 做好战胜困难、迎接挑战的心理准备

首先，要引导学生正视困难和压力，勇敢地面对现实。要让学生明白一个道理，最累、最有压力的生活，往往是人生最有意义的一段，人们最出色的成绩往往是在承受巨大的压力下取得的。青年正值意气风发、勤奋向上的时期，应该勇敢迎接新的人生挑战。

其次，要帮助学生树立信心，在人生新的起跑线上迈出坚实的第一步。学生在校已学习了三年，文化知识、专业技能已有良好基础，当实习生最重要的是态度，是诚实踏实、积极向上、勤奋努力的工作态度，必须付出比老员工多几倍的努力去熟悉工作程序、工作要领。只要树立信心，战胜自我，就可迈出走向社会坚实的第一步，前途就充满希望。

(2) 做好学会处理社会人际关系的心理准备

实习，意味着学生走向更广阔的社会环境，不可能再像学校环境那么单纯，同事关系、上下级关系也不像同学关系、师生关系那么简单明朗，容易相处，要引导学生重视人际交往，懂得与人团结合作的原则，处理好复杂的社会人际关系。

首先，要让学生认识到，协调、融洽人际关系的原则是以诚待人，为人处世以诚信为准则。现代社会的发展，注重人与人之间的合作。诚实既包括客观评价自己与他人，坦率地表露心迹，也包括与人赤诚相见。诚实、守信的人最容易被社会所接纳，背信弃义的行为是人们所不齿的。

其次，要教育学生学会控制自己的情绪，学会宽容与忍耐，摒弃自私自利与霸气，强调在处理人与人之间的关系方面，应采取谦和忍让的态度，消除偏激，避免将矛盾激化。

再次，提醒学生注意提高自己的道德修养。学会尊重别人，讲究礼貌礼仪，从小事做起，养成文明交往的良好习惯，使自己的人际关系处于一种和谐、温馨、真诚的氛围之中，为自己事业迈向更高阶梯奠定良好的基础。

(3) 要有角色转换的心理准备

很多学生习惯了轻松的学生生活，养成了依赖心理和自律不严的习惯。上岗实习之后，学生的身份即转为公司员工，严肃认真不讲情面的主管、经理、班长替代了循循善诱的老师，陌生的同事关系替代了熟悉、亲密的同学关系，必须严格遵守公司规章制度，担负起员工的责任和义务。角色的迅速转变使某些学生感觉很不适应，精神压力很大，有的学生甚至认为社会是冷酷的，人与人之间是无情的，产生了悲观失望的情绪。

实习前，学生要做好角色转换的心理准备，要有足够的心理承受能力，勇敢面对现实，对自己提出高标准、严要求，当面临困难、问题时，不能总想依赖别人的帮助，要培养社会所要求的吃苦耐劳精神、敬业精神。

2. 实习前的形象准备

实习中的穿着应注意的主要问题如下：

(1) 西装衣裤兜里不能放东西。

(2) 领口不要露内衣,不穿花袜子,衬衫每天换。

(3) 一定要穿衬衫,不能穿其他内衣代替衬衫。穿衬裤时要把衬衣放在衬裤外面,避免裤腰处露出一圈衬裤。

(4) 袜子一定要足够长,穿衬裤时要把衬裤腿放进袜子里,坐着时不能露出衬裤腿。

(5) 皮鞋要擦干净。

(6) 要有公文包,不能提个纸袋子。

(7) 西装和裤子脱下后要用衣架挂起。

(8) 头发要保持干净、整齐。最好不要留长发。

(9) 男生每天刮脸,最好不要留络腮胡子,长出鼻孔的鼻毛要剪去,保持口腔清洁。

(10) 衬衫除每天一定要换洗外,穿着一定时间后要及时淘汰。

第三节　实习计划的制订

一、实习任务安排

(一) 确定实习指导教师

1. 实习指导教师根据实习的具体要求安排,主要在专业教师中选派。

2. 指导教师条件:具有中级职称以上,教学经验比较丰富、对本专业的实践教学比较熟悉、有一定组织管理能力的教师。

(二) 落实实习单位

根据实习计划,负责落实实习单位。所选择的实习单位应与服装专业对口,有一定规模,就地就近,相对稳定,技术和管理水平比较先进,重视学生实习工作,能够满足实习教学要求。

(三) 做好实习动员

通过动员,使学生了解实习的目的、任务、内容、方法、要求与时间安排等。同时,在实习前认真组织师生学习实习教学大纲,按实习教学大纲的要求,指导教师编写实习教学日历,落实实习计划;还要向学生进行纪律教育、安全教育及保密教育等。

二、实习计划编制

制订实习计划:

1. 在进行毕业实习的前一学期的第八周,以实习大纲为基础,根据实习工作的特点,编制实习计划及实习经费预算。

2. 实习计划包括:实习内容和要求、起止时间、实习地点、实习形式、年级专业、指导小组、指导教师等。

第四节　实习的开展

一、实习任务书下达

学期伊始，实习计划制订后，由专业教师分发给学生，让学生了解实习计划的整个环节所涉及的内容。

二、岗位实习

结合服装产业的实际情况及市场需求，毕业生的实习岗位及要求如下：

实习岗位	学习要求
服装营销	1. 学习销售技巧； 2. 学习店铺陈列规则； 3. 学习服饰搭配要点； 4. 掌握营运过程中所有表单的登记及填写规范； 5. 掌握店员服务礼仪和相关管理制度； 6. 掌握店铺 5S 要求。
数据维护	1. 掌握 ERP 基本操作； 2. 了解数据报表分类； 3. 货品分仓表知识点学习； 4. 货品分仓表知识点实际操作； 5. 其他报表逐个插入学习操作。
陈列搭配	1. 掌握本品牌的设计风格、店铺陈列展示风格； 2. 掌握日常品牌货品陈列规范要求，参与陈列实施工作； 3. 协助指导手册制作； 4. 远程陈列指导检查。
服装设计	1. 了解设计工作流程，协助设计师工作； 2. 负责试衣，并反馈意见或建议； 3. 熟悉样衣管理、面辅料管理，列席部门例会。
服装工艺/制造管理	1. 掌握制造管理日常报表、数据管控工作； 2. 学习面辅料检验、质量管控基本知识； 3. 工艺单相关要素及技能操作； 4. 列席部门例会。
制版	1. 了解制版工作流程，协助版师工作； 2. 工艺单相关要素及技能操作； 3. 在版师指导下，开展实操工作； 4. 列席部门例会。
平面设计	1. 协助设计师做平面图文设计的实操工作，熟练操作、掌握技巧； 2. 了解后期制作过程； 3. 列席部门例会。

续 表

实习岗位	学习要求
效果图制作	1. 协助设计师做3D表现图，熟练操作、掌握技巧； 2. 了解品牌空间管理，装修、道具等方面过程管理； 3. 协助做好相关资料、材料、物品管理； 4. 列席部门例会。
电商推广	1. 掌握客服技巧，熟练交流沟通工作； 2. 协助货品上架过程图文处理； 3. 协助推广过程中的数据整理，参与关键词、活动等策划； 4. 列席部门例会。
面辅料采购	1. 熟悉公司常用面辅料的特性、入检知识、要求； 2. 了解面辅料开发流程、采购规范； 3. 协助采购经理做订单、合同，往来样品、大货检验跟踪； 4. 列席部门例会。

三、实习的过程文件

1. 实习日志填写

毕业实习日志也称实习报告，大学生在学业的最后一个学期需参加毕业实习并撰写毕业实习报告。报告是对该阶段进行总结与说明的书面材料，是反映学生毕业实习完成情况的一个主要内容，也是对毕业生的又一次培养和训练。

毕业实习日志模板如下：

毕业实习日志	
实习单位	
项目名称	
工作项目	
日　期	
主要工作内容：	
心得体会：	

2. 实习交流与汇报

毕业生在实习过程中,与指导教师的交流模式如下:

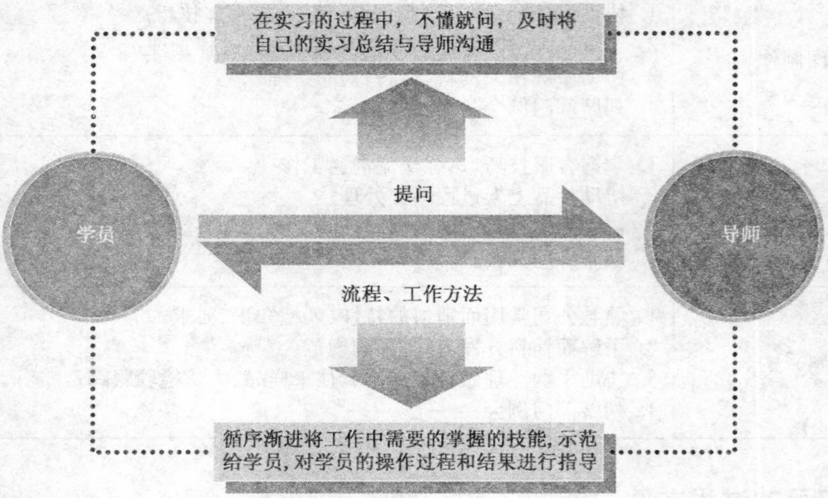

3. 实习报告撰写

实习报告在实习总结的基础上完成,运用基础理论知识结合实习资料,进行比较深入的分析、总结。实习报告内容要求实事求是,简明扼要,能反映出实习单位的情况及本人实习的情况、体会和感受。报告的资料必须真实可靠,有独立的见解,重点突出、条理清晰。

实习报告正文内容必须与所学专业内容相关并包含以下四个方面:

1. 实习目的:要求言简意赅,点明主题。

2. 实习单位及岗位介绍:要求详略得当、重点突出,着重介绍实习岗位。

3. 实习内容及过程:要求内容翔实、层次清楚;侧重实际动手能力和技能的培养、锻炼和提高,但切忌记账式或日记式的简单罗列。

4. 实习总结及体会:要求条理清楚、逻辑性强;着重写出对实习内容的总结、体会和感受,特别是自己所学的专业理论与实践的差距和今后应努力的方向。

现以往届毕业生的毕业实习报告为例,阐述毕业实习报告的写作要求。

【例】

实习报告

实习单位:×××××制衣厂

实习部门:设计部

实习岗位:设计师

实习单位指导人员:设计总监

经过三个月的实习和了解,我对服装生产企业在服装生产制作的流程上和设计与制作的结合上又有了一个全新的认识。

一、实习单位概况

1. 实习单位性质及规模

×××××制衣厂为个体经营的拥有自主品牌的中型服装生产企业。

2. 实习单位概况

×××××制衣厂创建于 1995 年。该厂拥有现代化办公楼及标准厂房 11 000 平方米、员工 200～300 人，主要生产童裤、童套装、校服等。2004 年 12 月被中国中轻产品质量保障中心评为重点企业，中国知名品牌。该厂具有完整的自主设计开发能力。

3. 主要品牌概况

旗下两个品牌每年设计数百款新创款式，推向市场的可谓是休闲、时尚童装的典范，拥有十多位杰出设计师。凭借其活泼的色彩运用、个性化的休闲主题元素、考究的环保健康面料、细腻剪裁及精湛做工，令每一款童装都拥有超强的吸引力和生命力。

风格定位：休闲、时尚、运动、健康、环保。

产品构成：牛仔服、外套、夹克、套装。

目标消费群：3～15 岁的新生代少年儿童。

产品价格定位：中档。

二、本人实习情况及收获体会

工作岗位：设计师。

工作内容：童装牛仔裤造型设计。

工作任务：一个月至少五个款。

设计部门运行情况：该厂设计部有六名设计师，每季由设计总监确定一季的整体风格，设计师自主设计，自主联系制作样裤。样裤制作完成后总监选择用于生产的款式，一季结束后清算款式数量。

工厂版型特点：松紧拉腰裤，女裤版型较瘦长，男裤版型较宽松。夏季的款式中女裤七分裤多用带弹面料，版型较瘦。五分灯笼裤以宽松为主。短裤多为灯笼型，脚口收褶，大腿臀部宽松。

内销产品生产过程：提前三个月设计生产款式，厂方召开订货会，各地经销商看样订货，市场部常年接受看样订货。优先生产订货，余货市场部销售。

1. 实习具体工作流程及内容

本厂的设计师涉及的工作内容包括图案、分割线、后袋形状、辅料装饰、印绣花风格等。每季的裤型、洗水颜色、图案风格由设计总监决定。

工作流程：设计—绣花，印花打样—裤子制版，剪样—裁片绣花，印花—样裤制作—洗水—审视效果并修改—生产。

(1) 设计：由于该厂的销售渠道主要是批发市场，受众广泛，要求设计风格在有自身特色的情况下适合大众口味。因此，在图案的选择上，选择大众接受度较高的图案，配色方面也相对保守。中小童图案偏向卡通动物以及花卉，大童图案偏向时尚感较强的人物以及简洁的字母和基本形状搭配。我们进入工厂的时间恰逢设计夏款中裤以及短裤，牛仔裤面料较薄，部分女中裤选择弹力面料，洗水工艺复杂，颜色较浅，加之今年的流行趋势对款式要求不如去年繁复，因此设计重点放在后袋上面，设计图案要求简洁大方，有整体感。由于工人工价提高，因此要求设计中减少分割线以及半成品绣花设计。因为图案简单，大部分女裤用贴钻来体现夏款清新明亮的特点。

(2) 绣花(印花)：在设计的款式基本确定以后，便可将图样交给绣花(印花)厂绣(印)花。绣花时应交代绣花针法、疏密度、绣花颜色搭配、垫布等。按照厂里的惯例，绣花厂一般会打三个不同配色的绣花样供挑选，夏季裤子由于很薄，绣花不应厚重，否则洗水过后绣花手感过硬，也影响视觉美感。字母以绣长针为主，凸显可爱感。根据洗水颜色以及季节特征，今年夏季女裤绣花颜色的选择集中在大红、粉红以及黑色。由于印绣花原理不同，印花时须交代图案具体颜色以及图案尺寸大小，基本上送样即确定样。

(3) 制版：在总监认可印绣花效果及选择了绣(印)花样以后，便可将设计稿交给打样师制版剪样，如果图样上有特殊分割线以及制作方法，设计师应标注或者确认纸样，以避免样裤效果与设计图有大的出入。

(4) 裁片绣花，印花：打样师将裤样裁剪好后，将需要绣(印)花的裁片分出来，连同图纸交给设计师，再由设计师交代绣(印)花厂绣(印)花，此时应该确定图案在裁片上的位置以及大小。

(5) 样裤制作：在裁片上的绣(印)花制作好后，裁片会直接交给打样师打样。如设计图上有特殊辅料和工艺，设计师应配好辅料并确认，打样师制作，如特殊的线迹颜色、双针、打结等。

(6) 洗水：洗水的颜色和花样基本跟着市场的流行趋势确定，由于洗水颜色关系到裤子的整体效果，由公司领导确定。今年的夏款洗水工艺较复杂，颜色较蓝较浅，俗称蓝天白云。

(7) 审视效果：洗水过后，裤子的制作就算完成了。全部完成的裤子将送回设计室，由公司领导确认效果，挑选优秀的款式用于生产。不够完美的款式会根据修改意见重新打样送审。部分不适合当季风格或者与设计图出入过大的款式直接淘汰。

(8) 生产：确定要生产的款式，编写款号，进入生产流程。

基本上，实习工作涉及的就是以上几点。从一张图纸到最后的成品，每一个环节都可能让最开始的构想面目全非，一条好的裤子并不是只要最初的设计就可以了，印绣花的选择、辅料的选择、制作工艺都至关重要。

2. 实习收获体会

从今年一月起，我开始在×××××制衣厂实习童装牛仔裤设计，实习职位是设计师。我们来的时候工厂已经开始设计夏款，因此我们的主要设计方向是短裤与中裤，主要使用CorelDRAW软件进行绘图。图案主要是由一个专业的服装资讯网站提供，我们再进行改造加工以适合本厂的风格，或者根据款式要求，自己绘制图案。在绘图过程中，设计总监会对我们进行一定的指导，对图案的大小、摆放方式、分割线的位置提出意见。认可设计稿后，送去绣花打样，总监协同选择适合的绣花样并制作样裤。洗水过后选择适合生产的款式，并告诉我们修改意见。

在这三个月的实习过程中，我们大致了解了牛仔裤从设计到生产完整的制作过程，在总监的指导下修改后用于生产的款式有17个，基本达到工作要求。在绘制设计图时，不再像以前那样天马行空，而是会考虑所选择图案的最终效果，辅料的搭配，制作工艺的难度以及成本的节省。并且懂得了像这样面向大众市场的设计，不能一味地求新求异，而是要同中取异，整体适合大众审美，但是要在细节上有亮点。因公司的主要客户群是北方客户，所以在设计时也要考虑南北的审美差异，不选择细碎的图案进行设计，力争简洁大方。

在具体设计方面，因为主要做北方市场，厂里一般只做松紧腰头的拉腰裤，因此在设计时，一般不会在腰头上面做文章。因为今年的流行趋势是简洁，裤子前面一般不放置图案以及设计分割线，所有的设计重点都放在后袋上面。厂里的男裤后袋都要求独特大气，而女裤还是要精致秀气、简洁大方。由于我主要设计女裤，就我设计的且被生产的款式而言，小童的图案以可爱的动物卡通图案为主，而大童一般以简洁的字母和五星桃心等基本形状为主，所有图案基本都在后袋，前片一般只在袋口点缀图案或者花布包边，不大做文章。也因为洗水工艺复杂，如果再在前后增加分割或者添加图案，整条裤子便会过于复杂，失去重点以及美感。

厂里对设计很重视，偶尔还会把大家都带出去调研市场，看看当季其他品牌的风格以做参考，或者总监直接到广州选择辅料用于设计。但内地的生产厂家追赶时尚潮流的情况不像沿海的厂家那样严重，所以在设计的时候可以借鉴别的品牌的新颖搭配而大体坚持自己的风格。

整体来说，厂里的设计部门是成熟的。但我们也发现，如果设计师不积极跟款的话，各程序便会脱节，严重的可能导致样裤丢失。也因为工厂批量生产与设计部门的脱节，每季结束后，设计师清算款式便成为了一个很麻烦的事情。就清算款式的问题，我认为，在样裤进入设计室时，便按设计师姓名进行编号登记，此后对拿出去生产、修改、淘汰的裤子分类标记，用于生产的样裤留下款号，这样在季末时直接看登记表便可以知道哪些设计师做了哪些裤子，款号也清楚，便不会有清算款式的麻烦。

这三个月的实习，是我们走出学校走向社会的第一步。在实习工作的这段时间里，我知道要做好工作就要多学多问。每个人都有自己的长处，作为一个新人，任何一个前辈的指导都是一笔财富。不要把自己看得太高。当出现错误的时候，多想想自己的过失，而不是把过错推到别人身上。努力地学习，发挥自己的长处，对自己的工作负起责任，才能成为一个优秀的人。

第六章　毕业设计(论文)

章节提示:通过毕业设计,使学生对某一课题作专门深入系统的研究,巩固、扩大、加深已有知识,培养学生综合运用已有知识独立解决问题的能力。本章主要讲述了毕业设计(论文)概述、选题、开题、研究过程、评阅、答辩和成绩评定等内容。

第一节　毕业设计(论文)概述

一、毕业设计(论文)的目的与要求

毕业设计是培养服装设计人才的最后教学环节,对提高服装设计、打版制作的能力,对培养高级服装设计与工程的技术人才具有重要的意义和作用。

毕业设计以课题为中心,面向社会、面向市场、面向企业展开调研与设计。学生在教师的指导下独立完成毕业设计所规定的全部内容。

毕业设计(论文)的基本教学目的是考查学生的专业设计思想、专业设计理论、创意思维能力、设计表现技法、服装结构分解与制作工艺、设计作品发布组织等方面知识,培养学生综合运用所学的基础理论、专业知识和基本技能分析和解决实际问题,具有初步科学研究的能力。根据专业性质有所侧重地培养以下几个方面能力:

(1) 调查研究、中外文献检索与阅读的能力;

(2) 综合运用专业理论、知识分析解决实际问题的能力;

(3) 定性与定量相结合的独立研究与论证的能力;

(4) 设计方案的制定、材料设备的选用、制作与分析处理的能力;

(5) 设计、计算与绘图的能力,包括使用计算机的能力;

(6) 创意思维与艺术表现的能力;

(7) 逻辑思维与形象思维相结合的文字及口头表达的能力;

(8) 撰写设计说明书或论文的能力。

二、毕业设计(论文)计划制定

以服装设计与工程专业2016届毕业设计(论文)为例,阐述毕业设计(论文)计划。

2016届毕业设计(论文)计划

1. 主题

本届毕业设计选题以贴合产业、反映热点为宗旨,以“艺术·时尚”为主题。

2. 选题方向

皮草、学生装、礼服、创意装、成衣等。

3. 要求

(1) 符合专业培养目标、满足教学基本要求，使学生得到综合训练。

(2) 结合国际皮草产业研究院、江苏学生装(校服)研究中心、艺术染整数字化中心、礼服定制工作室等产学研平台和校级重点建设实验室的建设任务，促进教学、科研、社会服务的有机结合，调动学生的积极性。

(3) 有一定的深度与广度，工作量饱满，使学生在规定时间内经过努力能按时完成任务。

(4) 贯彻因材施教的原则，能使学生的综合水平和能力有较大提高，并鼓励学生有所创造。

(5) 对学生提出的符合教学要求且极具特色的选题，经所在教研室审查后，可积极支持并给予安排。

第二节　毕业设计(论文)的选题

一、毕业设计(论文)的课题要求

1. 毕业设计(论文)选题应从服装设计与工程专业的培养目标出发，体现专业性、新颖性、前沿性和时代特点，要有一定的深度和广度，有利于学生得到全面的训练，有利于培养学生的实践能力和创新能力。

2. 毕业设计(论文)课题的选择应体现"教学、科研、生产与社会主义的现代文化、经济"相结合的原则。毕业论文的选题必须能够表达学生对自己所学专业理论和专业技能及知识的感受和认识，必须有明确的主题。可以围绕设计本身展开，也可以进行理论论述。

3. 毕业设计(论文)课题的选择应力求与教师的科研任务密切结合，以利于教学相长并促进教师科研工作的深入。本科生课题可以是指导教师课题的一部分或一个专题，但应注意区分层次，明确本科生设计实践内容。

4. 贯彻因材施教的原则，能使学生的综合水平和能力有较大提高，并鼓励学生有所创造。

5. 毕业设计(论文)课题的选择应体现中、小型为主的原则，即设计(论文)的量要适当，应使学生在规定时间内经过努力能基本完成全部内容，或者能有阶段性的成果，既不使学生承担的任务过重，结束时遗留很大的"尾巴"；又不因任务过少，造成学生空闲，以致达不到基本训练的要求。

二、指导教师申报课题

指导教师申报课题的主要工作流程包含以下几个方面：

1. 指导教师完成网上课题申报。

2. 专业负责人审核课题。

3. 学生从毕业设计(论文)选题库中自愿选择课题。

4. 指导教师网上审核学生选题,并填写"毕业设计(论文)选题审题表"。

5. 调整、审定选题审题表后,专业负责人将选题汇总,报教务处(填写金陵科技学院毕业设计(论文)指导教师任务安排表)。

6. 全体学生参加开题报告、论文写作的统一辅导。

三、毕业设计(论文)课题的审核与论证

毕业设计(论文)课题的审核与论证主要围绕课题名称、课题性质、课题来源、具体要求及指标、题目所涉及的知识面、指导教师对本题目的研究基础(包括指导教师与题目相关的工作、科研项目和发表的学术论文以及成果等)、经费使用预算等内容进行审核与论证。

四、确定毕业设计(论文)选题

学生选题后,与指导教师交流,讨论题目的合适度。学生可以对题目提出自己的见解,与指导教师商定后,可以对选题做微调,但不能改变毕业设计(论文)的基本要求。

五、毕业设计(论文)任务书的下达

以论文题目"楚文化在服饰设计中的创新运用"为例,阐述毕业设计(论文)任务书的主要内容。

1. 毕业设计(论文)课题应达到的目的

学会查阅和研究有关楚文化元素对服装设计影响的资料,并对其做出归纳与总结。掌握不同楚文化元素在服装设计中的创新运用。加强对服装材料组合应用、结构设计、工艺制作等专业知识的应用和综合锻炼。提高分析和解决生产实际问题的能力。

2. 毕业设计(论文)课题任务的内容和要求

毕业设计(论文)课题任务内容:

(1) 了解创意服饰造型设计的手法;

(2) 了解楚文化元素的服饰造型艺术的内涵;

(3) 了解楚文化元素在现代服装设计中的运用;

(4) 一系列服装设计作品;

(5) 设计报告 3 000 字(论文格式),一式三份;

(6) A4 方案册和光盘各一份。

毕业设计(论文)课题任务的要求:

(1) 提高综合运用所学知识独立进行楚文化元素服饰设计的能力。进行一系列服饰的创意设计,并根据毕业设计过程中的研究,总结出 3 000 字左右的设计说明。应做到中心突出,层次清楚,结构合理,观点正确,分析深入,见解独到。

(2) 能独立钻研有关问题,会独立分析、解决问题,具有一定的创新能力和综合运用能力。

(3) 能正确使用有关设备,掌握服装制作原理,熟练运用服装缝制设备。

(4) 独立撰写设计报告,准确分析实践结果,能运用各种技法绘制服装效果图。

3. 毕业设计(论文)课题成果的要求

服装设计作品要求:

(1) 独立设计服装作品一系列5套,选做其中3套;

(2) 符合楚文化元素的风格特征;

(3) 款式风格鲜明,色彩搭配合理,时尚感强;

(4) 作品完成度高,整体服饰配套合理。

方案册要求:

(1) 彩色设计效果图:一系列5套;表现材质、形式不限,要求人物动态优美,画面整洁,比例匀称,款式有创意。

(2) 款式图:一系列;画出每一个款式的正、反面款式图;结构表达正确,比例准确;附面料小样(不小于3 cm×3 cm)。

(3) 结构图:1∶5制图1套,标注规格尺寸,符合制图标准(若采用立体裁剪则把主要制作步骤拍照),并附规格尺寸表。

(4) 生产工艺单:选其中一套,写出生产流程及缝制工艺要求并配局部细化图解说明。

(5) 成本核算表:选其中一套,写出其成本核算,包括面辅料和加工成本等。

(6) 成衣照片:反映设计制作过程和最终成衣效果的照片若干。

设计报告要求:

设计报告要求字数3 000字左右,语句通顺,逻辑严密,叙述清楚。论文格式要求有摘要、关键词、正文,正文段落、字号等符合学校统一要求,有页眉页脚。

4. 毕业设计(论文)课题工作进度计划

(1) 根据任务书要求准备开题报告,明确设计方向,并提交开题报告。

(2) 与指导教师深入交流设计方案,提交设计初稿。

(3) 提交设计方案(定稿),准备面料。

(4) 结合毕业设计题目进行实习调研与设计说明的写作,并着手进行制作的准备工作。提交设计说明初稿。

(5) 完成纸样、采购面料,开始制作。

(6) 完成制作,并网上提交设计说明正稿。

(7) 作品修改完善、搭配到位。

(8) 按规范要求完成并网上提交设计说明书(定稿)、方案册等所有相关材料,作品布展。

第三节 毕业设计(论文)的开题

一、查阅文献撰写文献综述

文献综述是要求对文献资料进行综合分析、归纳整理,使材料更精练明确、更有逻辑层次,然后对综合整理后的文献进行比较专门的、全面的、深入的、系统的论述。总之,文献综述是作者对某一方面问题的历史背景、前人工作、争论焦点、研究现状和发展前景等内容进行评论的科学性论文。写文献综述一般经过以下几个阶段:选题、搜集阅读文献资料、拟定提纲和成文等部分。

二、制定研究计划确定研究方法

以"楚文化在服饰设计中的创新运用"为例,了解毕业设计(论文)研究计划和研究方法的确定。

(一)研究或解决的问题

(1)了解楚文化的历史;
(2)掌握楚文化元素的特征;
(3)研究楚文化服饰的风格和服饰特点;
(4)了解现代服饰的流行趋势;
(5)研究如何将楚文化的特色合理有创意地运用到现代服饰中。

(二)研究手段

(1)调研楚服饰及楚文化元素的特征,利用网络、图书馆等途径查找相关资料;
(2)指导教师的指导及提供相应的参考资料;
(3)掌握楚服饰的整体风格特征,提取楚文化元素有创意地运用到服饰设计中;
(4)访问其他学术站点,总结其论文的共同点和特色,按照要求,充实和完善毕业论文。

三、开题报告的撰写

学生根据指导教师下达的任务书,填写《开题报告》,其中"文献综述"应反映设计思路的全部内容,包括灵感来源,拟采用的色彩、款式、面料及细节元素等,纸质《开题报告》要求结合相应的图片加以说明,文字为500字左右。网上提交时,图片以附件形式上传(jpg格式,单张小于1MB,以"图1""图2"……命名),并在文中相应位置标注。"文献综述"的参考文献(参考资料)应不少于15条,可以是书籍、期刊、专业网站等。

四、完成外文参考资料

在学术论文后一般应列出参考文献(表),其目的有三,即:
(1)为了能反映出真实的科学依据;
(2)为了体现严肃的科学态度,分清是自己的观点或成果还是别人的观点或成果;
(3)为了对前人的科学成果表示尊重,同时也是为了指明引用资料出处,便于检索。

毕业论文的撰写应本着严谨、求实的科学态度,凡有引用他人成果之处,均应按论文中所出现的先后次序列于参考文献中,并且只列出正文中以标注形式引用或参考的有关著作和论文,参考文献应按正文中出现的顺序列出直接引用的主要参考文献。

五、开题答辩,进行开题审核

汇报国内外该课题的研究进展,阐述自己的研究内容,讲述研究的技术路线,叙述研究计划。

第四节　毕业设计(论文)的研究过程

一、毕业设计(论文)的撰写规范

毕业论文是毕业生总结性的独立作业，是学生运用在校学习的基本知识和基础理论，去分析、解决一两个实际问题的实践锻炼过程，也是学生在校学习期间学习成果的综合性总结，是整个教学活动中不可缺少的重要环节。撰写毕业论文对于培养学生初步的科学研究能力，提高其综合运用所学知识分析问题、解决问题能力有着重要意义。

毕业论文格式如下：

1. 题目

应简洁、明确、有概括性，字数不宜超过 20 个字(不同院校可能要求不同)。

2. 摘要

要有高度的概括力，语言精练、明确，中文摘要约 100～200 字(不同院校可能要求不同)；摘要宜用仿宋_GB2312 五号字体。

3. 关键词

从论文标题或正文中挑选 3～5 个(不同院校可能要求不同)最能表达主要内容的词作为关键词。关键词之间需要用分号分开。

注：英文的标题、摘要、关键字三项均需要使用 Times New Roman 字体，比较美观，摘要内容同样使用五号字体。

4. 目录

写出目录，标明页码。目录应包含正文各一级二级标题、主要参考文献、附录、致谢等。

5. 正文

本科设计学学士毕业论文通常要求 5 000 字以上(不同院校可能要求不同)。

毕业论文正文包括前言、本论、结论三个部分。

前言(引言)是论文的开头部分，主要说明论文写作的目的、现实意义、对所研究问题的认识，并提出论文的中心论点等。前言要写得简明扼要，篇幅不要太长。

本论是毕业论文的主体，包括研究内容与方法、结果与分析(讨论)等。在本部分要运用各方面的研究方法和结果，分析问题，论证观点，尽量反映出自己的科研能力和学术水平。

结论是毕业论文的收尾部分，是围绕本论文所作的结束语。其基本的要点就是总结全文，加深题意。

6. 谢辞

简述自己通过做毕业论文的体会，并应对指导教师和协助完成论文的有关人员表示谢意。

7. 参考文献

在毕业论文末尾要列出在论文中参考过的专著、论文及其他资料，所列参考文献应按文中参考或引证的先后顺序排列。

8. 注释

在论文写作过程中，有些问题需要在正文之外加以阐述和说明。

9. 附录

对于一些不宜放在正文中，但有参考价值的内容，可编入附录中。

二、确定论文结构，撰写论文大纲

论文大纲是全文内容的缩影。在这里，要以极经济的笔墨，勾画出全文的整体面目，提出主要论点、揭示论文的研究成果、简要叙述全文的框架结构。

写作论文大纲的目的在于：

(1) 为了使指导教师在未审阅论文全文时，先对文章的主要内容有个大体上的了解，知道研究所取得的主要成果，研究的主要逻辑顺序。

(2) 为了使其他读者通过阅读论文大纲，就能大略了解作者所研究的问题，如果产生共鸣，则再进一步阅读全文。在这里，论文大纲成了把论文推荐给众多读者的"广告"。

因此，论文大纲应把论文的主要观点提示出来，便于读者一看就能了解论文内容的要点。论文大纲要求写得简明而又全面。

三、毕业设计(论文)的撰写

以笔者所指导的服装设计与工程专业本科生优秀毕业设计(论文)为例，阐述毕业论文的基本构成。

【例】

民族元素在现代礼服设计中的应用——梦回唐朝系列一

学生：金彩玲 指导教师：张秋平，王健华，匡才远

(金陵科技学院服装设计与工程专业，江苏 南京)

摘 要：中国传统文化的博大精深为设计师不断创新设计提供了创意源泉。本文论述了中国传统民族服装的内涵、织锦的种类、民族元素与礼服设计的融合以及民族元素在现代礼服设计中的运用。分析表明，将民族元素运用到现代服装设计中来，能设计出独具中国特色而不缺乏现代时尚元素的服装。将传统与现代相结合，能突显出独具中国传统文化气息而不缺乏时尚魅力的新风格。

关键词：民族元素，礼服设计，应用

Abstract: Chinese traditional culture, broad and profound, is widely used by designers to extract inspiration. In this paper, the meaning of traditional costumes, the classifications of brocade, integration of traditional element and dress design as well as the application of national element in modern dress design are presented. The analyzed results showed that national element can be applied to design unique Chinese clothing, filled with fashion element. The integration of traditional culture and modern clothing design concept can highlight Chinese culture and new style of clothing.

Key words: National element, Dress design, Application

1 前言

中国不仅有 56 个民族的传统文化，还有上下五千年的文明历史，从这中间来发掘艺术灵感，是取之不尽用之不竭的创作源泉。服饰是人类生活的要素，也是一种文化载体，中国服装款式的发展和演变，面料和色彩的选用与搭配，着装的特定场合和等级规定，都承载着人们的思想文化和审美观念。

以中国传统文化为切入点，分析其艺术价值，从中提取民族精神元素，研究在现代礼服设计中如何继承传统文化，彰显我们民族的特色，寻求民族认同，创造出具有中国民族特色的现代礼服，是观点提出的主要目的。在经济与文化越来越全球化的今天，传承和发扬民族文化，提倡本土的民族元素在现代礼服设计中的应用，是时代的需求和文化趋势。只有在国际的大舞台上，民族性才更有意义，新时代的礼服就是彰显在舞台上最直接的体现！

中国素有“衣冠王国”之称，中国的传统服饰有着浓厚的文化底蕴。近几年，风韵独到的“中国化时装”开始占有自己的市场，服装界也掀起了复古的风潮，具有中国民族特色的服装再一次成为世界时装舞台注目的焦点。复古的流行绝不是简单地重复过去，而是进一步的融合，吐故纳新，兼收并蓄，对各种文化观念进行吸收和统一。“古为今用”的说法现在仍然很有指导意义，以现代的形式予以新的包装和诠释，所以设计不仅可以体现传统的文化韵律，更要符合现代人的审美要求的礼服具有很重要的现实意义。

倡导中国独一无二的传统文化与现代礼服设计相融合是提高民族认同的好方法，在吸收外来文化的基础上，创造出有鲜明民族特色的设计文化，用西方的设计来体现中国的传统民族文化，用西方的剪裁使中国的民族文化更有特色，将传统文化的精髓融入到现代礼服设计中来，并在传统文化中加入流行元素，创造出具有中国民族特色的现代礼服。

2 毕业设计所做的主要工作

2.1 款式设计

在毕业设计作品制作的初期，对云锦的面料和工艺进行了大致的研究，并参考一些现代礼服常用的设计手法后，绘制出效果图。本系列设计作品主要运用云锦手工妆花面料“卷叶牡丹”。牡丹象征着幸福、和平、繁荣、昌盛。各族人民都将其视为吉祥物。云锦的手工妆花面料“卷叶牡丹”是用云锦大花楼织机纯手工一丝一线制造而成。牡丹图案作为礼服装饰的语言，具有浓郁民族气息，寓意着中华民族繁荣昌盛，源远流长，将牡丹元素熔铸在现代礼服的形态之中，更使制作出的礼服具有长久不衰的艺术魅力。在款式的设计上与西方礼服设计相融合，制作出具有民族特色的现代礼服。效果图如图 6-1 所示。

2.2 结构设计

选择好面料后，仔细量取模特的身材尺寸，运用平面结构设计与立体结构设计相结合的方法，完成结构设计，部分平面结构图如图 6-2 所示。

图 6-1 效果图

2.3 工艺设计

裁剪要求：

1. 按规定的门幅排用料。

2. 排料时注意布的经纬向，另外在斜裁时注意面料的排料问题，节约面料。

3. 面料剪好后拷边（用蓝色线，拷边位置在衣片裙摆底下、衣片侧缝），另外用密拷机将纱的四周拷边，用同色蓝色线。

缝制要求：

1. 本系列服装为贴身穿着，缝制时调小针距，用同色蓝色线缝制。

2. 衣片缉合：将衣片按照裁剪对接口缝合，里料按照同样的方法对接缝合，侧缝处绱隐形拉链，止口为臀围线。然后为袖窿、底摆拷边。

3. 上裙摆：第一套和第三套服装的裙摆需将六片裙摆依次拼合，然后再将里料与面料下摆打褶对接，后与衣身缝合，第二套服装的 N 片裙摆依次按照效果图式样排列，在里料的基础上缝制纱丝，后为纱做面料的二次处理。在纱上抓褶钉珠。

4. 钉珠：用手针固定，注意线头不可外漏。

配饰的制作：

在作品的配饰制作上主要采用了钉珠的手法，提升作品的附加价值和精致性，装饰花的制作是将面料与纱叠放在一起走圈缝制，要注意接头部位的毛边的隐藏。

整烫要求：

由里烫平各部位，再翻转修复正面，作品上不允许有油迹、皱迹等。

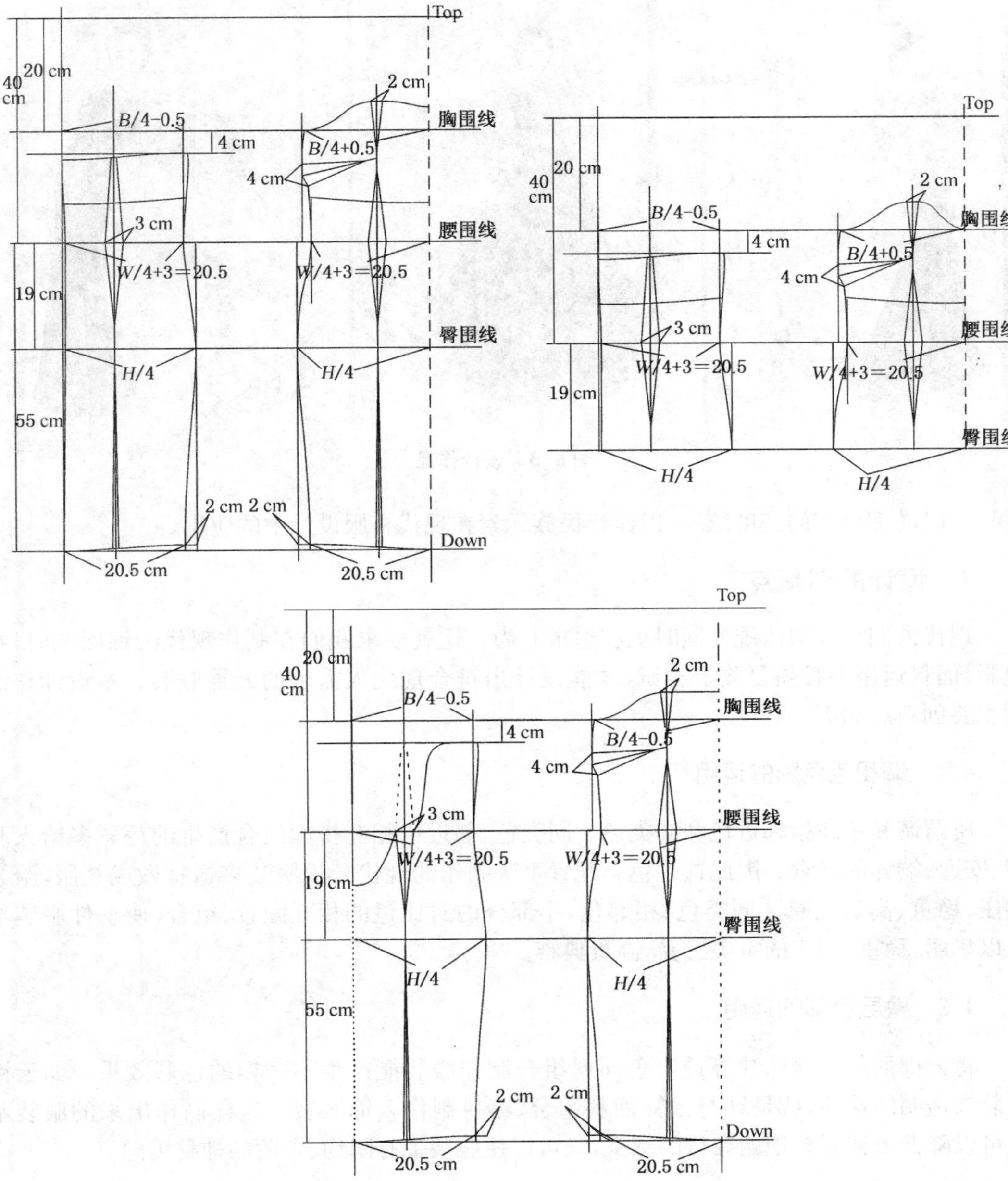

图 6-2　结构图

3　主要成果

由效果图向成品转化的过程中，处理了廓形、颜色、结构、配饰等细节，使设计作品基本达到设计效果。整个系列作品包含三套服装，如图 6-3 所示。

云锦的灵魂是天、地、人的统一。表现在服装上，天，就是传统的织造工艺；地，就是当今服饰时尚；人，就是人对多元文化、个性化的追求。云锦礼服设计定位的思路就是实现

图 6-3 设计作品

“民族、时尚、个性”的高度统一，以诠释民族元素在现代礼服设计中的应用。

4 设计的创新点

现代人们在渴望传统的同时也在追求时尚。这就要求我们在制作现代云锦服装时，在色彩、面料运用上必须要敢于尝试，才能设计出符合现代人需求的云锦服装。本设计作品的主要创新点如下：

4.1 调和色色彩的运用

所谓调和色即指邻近色和同类色。同类色、邻近色相互搭配组合产生的色彩多给人和谐、安逸、端详的感觉。因此这种色彩配置手法制作的现代云锦服装多适宜做成礼服，给人端庄、稳重、高贵之感。同类色、相邻色，小部分的对比色的相互配置、组合，使整件服装给人以华丽、稳重、端庄的审美感受，高贵典雅。

4.2 叠层色彩的运用

将云锦面料与珍珠纱等透明色面料组合制作服装能产生不一样的色彩效果。如云锦上装饰透明的珠纱，或是纱与云锦面料组合、镶拼制作云锦服装。这样制作出来的服装不但可以降低云锦服装艳丽夺目的感觉，又可以使服装带有隐约、含蓄的神秘美感。

4.3 现代云锦面料的搭配

云锦本身多色彩艳丽，华美贵气，那么用它所制作成的服装，必然也集王气、贵气于一体，但由于妆花云锦织造成本很高，所以我们在设计制作现代云锦礼服时，在面料选用上多会采用妆花云锦与其他面料结合设计制作服装。妆花云锦与各种不同质地的材质相结合，柔滑的丝绸、华美的锦缎，各种面料协调搭配，会给人别具风格的美感，符合现代人在服装穿着上求新、求变的心理。

5 结束语

随着传统文化浪潮的复兴，民族风越来越强烈；传统服装文化元素给云锦服装的发展带来新的契机。人们在着装上追求名贵的服装制品不单是单纯的经济行为，更多的是对这些服装所呈现的文化的追从。云锦服装只有走多元文化结合发展的道路，扬长避短，在注重传统延续性的基础上，选择、抽象、提炼、再创造，以现代观念结合新技术、新工艺、新材料，以新的造型手段、艺术形式创造出具有文化内涵、符合现代审美、高品位的云锦服装，才能更好地满足现代人的需求。

随着时间的消逝，民族元素不断地被借鉴和更改，但是仍保留其精华，然后被加以利用。将传统服饰中的元素运用到现代服装设计中来，设计独具中国特色而不缺乏现代时尚元素的服装，将传统与现代相结合，突显出独具中国传统文化气息而不缺乏时尚魅力的新风格。

第五节 毕业设计(论文)的评阅

一、毕业设计(论文)的评阅要求

1. 为了保证评阅环节的质量，毕业设计(论文)由答辩小组中一名成员进行详细评阅，并写出评阅评语；

2. 指导教师不能兼任被指导学生的毕业设计(论文)评阅人；

3. 评阅教师在答辩前，根据课题涉及的内容和要求，以相关基本概念、基本理论为主，准备好不同难度的问题，供答辩中提问选用。

二、毕业设计(论文)评阅流程与开展

1. *指导教师评阅*

答辩前，指导教师要对所指导的毕业设计(论文)进行认真审查，并指导学生对设计成果进行修改，根据学生的工作态度、工作能力、毕业设计(论文)质量写出评语。毕业设计(论文)评语应包括以下内容：

(1) 学生是否较好地掌握了设计课题所涉及的基础理论、基本技能和专业知识；

(2) 学生是否具有一定的外语能力、计算机能力以及创新能力；

(3) 学生是否按要求的内容及时间，独立完成了毕业设计(论文)各环节所规定的任务；

(4) 毕业设计(论文)完成质量和在完成过程中表现出的创造性工作情况；

(5) 学生独立工作、独立思考、组织管理、口头表达和与他人合作能力等情况。

指导教师对学生是否具有答辩资格提出初步意见后交给评阅人评阅。

2. *评阅教师评阅*

评阅教师针对①学习态度、工作量完成情况、材料的完整性和规范性；②检索和利用文献能力、计算机应用能力；③学术水平或设计水平、综合运用知识能力和创新能力等进行评阅。

评阅教师在答辩前，根据课题涉及的内容和要求，以相关基本概念、基本理论为主，准备好不同难度的问题，供答辩中提问选用。

第六节　毕业设计(论文)的答辩

一、毕业设计(论文)答辩委员会组成

答辩委员会委员一般为 5～7 人，由学术水平较高、有高级职称的教师组成。答辩委员会委员主要任务是：领导本专业的全部答辩工作，制定答辩要求和评分标准，组织学习和掌握评分标准；指导、检查各答辩小组工作；审核答辩小组上报的成绩。

二、答辩分组

答辩小组一般为 3～5 人，答辩小组成员原则上由本专业中级及其以上职称者担任，也可到企业或用人单位聘请技术人员担任。组长一般应由具有副高及以上职称的答辩委员会委员担任。提倡聘请校外生产、科研等单位或毕业生用人单位有实际工作经验的专家参加答辩。请校外人员参加答辩，须事先经院(部)答辩委员会批准。

三、毕业设计(论文)答辩的准备

1. 答辩的心理准备

克服怯场心理，消除紧张情绪，保持良好的心理状态。充满信心，迎接挑战。

2. 答辩的内容准备

将论文(调查报告或设计方案)的内容整理成发言提纲，力求条理清楚、重点突出。可将提纲或图表等资料用多媒体进行演示，或悬挂在答辩现场。参照提纲，借助材料，单刀直入，以讨论的方式进行陈述，切忌照本宣读或背诵。

3. 答辩的细节准备

陈述的音量恰如其分，使在场的人都能听清为宜。语调有所变化，抑扬顿挫，切忌一个调门讲到底。语速时紧时慢，力求自然，避免装模作样。陈述时，注意观察评委或听众的反应。

4. 答辩的技巧准备

上台时，用简洁的语言给评委与听众打招呼。陈述结束时，明确表示已经结束。

听清评委提问，抓住问题实质迅速回答，切忌答非所问。听不懂可以申诉，不能回答时谦虚地做出表示，切忌长时间沉默。

四、毕业设计(论文)答辩的一般程序

1. 预备工作

学生必须在论文答辩会举行之前半个月，将经过指导教师审定并签署过意见的毕业论文一式三份连同提纲、草稿等交给答辩委员会，答辩委员会的主答辩老师在仔细研读毕业论文的基础上，拟出要提问的问题，然后举行答辩会。

2. 论文陈述

在答辩会上，先让学生用15分钟左右的时间概述论文的标题以及选择该论题的原因，较详细地介绍论文的主要论点、论据和写作体会。

3. 回答问题

主答辩老师提问。主答辩老师一般提三个问题。老师提问完后，有的学校规定，可以让学生独立准备15～20分钟后，再来当场回答，可以是对话式的，也可以是主答辩老师一次性提出三个问题，学生在听清楚记下来后，按顺序逐一作出回答。根据学生回答的具体情况，主答辩老师和其他答辩老师随时可以有适当的插问。

4. 答辩记录与答辩成绩

学生逐一回答完所有问题后退场，答辩委员会集体根据论文质量和答辩情况，商定通过还是不通过，并拟定成绩和评语。召回学生，由主答辩老师当面向学员就论文和答辩过程中的情况加以小结，肯定其优点和长处，指出其错误或不足之处，并加以必要的补充和指点，同时当面向学生宣布通过或不通过。至于论文的成绩，一般不当场宣布。

第七节　毕业设计（论文）成绩评定

一、毕业设计（论文）成绩评定的要求与标准

毕业设计（论文）的成绩评定以学生完成工作任务的情况、业务水平、工作态度、设计说明书（论文）和图纸、实物的质量以及答辩情况为依据。

二、毕业设计（论文）成绩的组成

学生的毕业设计（论文）成绩由指导教师、评阅教师和答辩小组三方面的分数和评语综合评定。其中指导教师40分、评阅教师20分、答辩小组40分。学生毕业设计（论文）最终成绩，由答辩委员会最终评定。

三、毕业设计（论文）的评优与检查

（一）毕业设计（论文）评优工作

1. 优秀毕业设计（论文）的评选条件

（1）毕业设计（论文）成绩为优秀。

（2）独立、高质量地完成毕业设计（论文）任务书所规定的各项内容。

（3）善于查阅和利用技术资料；设计方案合理，有新意；能顺利地进行实验等工作；具有较强的综合分析和解决问题的能力，表现出较强的独立工作能力。

（4）毕业设计：说明书完整，图纸齐全，内容正确，概念清楚，条理分明，文字通顺，制图符合标准。毕业论文：题目综合性强，有深度；论点明确，有创见；论据充分、严密；论述结构严谨，层次清楚；文字通顺、表达准确。

（5）外文资料翻译表达准确、通顺，外文摘要完整、准确。

2. 优秀毕业设计团队的评选条件

(1) 每个团队不少于3位学生共同设计完成,鼓励跨学科、跨专业组建毕业设计团队。

(2) 团队有总的指导教师,每个学生有各自的指导教师。

(3) 选题科学,符合本专业教学要求,各子课题设计合理,分工明确。

(4) 注重相互之间的实质性协作与配合,具有较强的合作意识和团队精神。

(5) 设计作品整体质量较高。

(二) 毕业设计(论文)抽检工作

(1) 学校将在6月中旬组织专家进行毕业设计(论文)抽检工作。

(2) 抽检专业与抽检学生名单将从毕业设计(论文)管理系统中抽取。

(3) 所抽检毕业设计(论文)将送校外专家评审。